Führung – Überblick über Ansätze,
Entwicklungen, Trends

Maria Stippler, Sadie Moore, Seth Rosenthal, Tina Dörffer

Führung – Überblick über Ansätze, Entwicklungen, Trends

Leadership Series
BertelsmannStiftung

| Verlag BertelsmannStiftung

Bibliografische Information der Deutschen Nationalbibliothek

Die Deutsche Nationalbibliothek verzeichnet diese Publikation in der
Deutschen Nationalbibliografie; detaillierte bibliografische Daten
sind im Internet unter http://dnb.d-nb.de abrufbar.

4. Auflage 2014
© 2011 Verlag Bertelsmann Stiftung, Gütersloh
Verantwortlich: Tina Dörffer, Martin Spilker
Redaktion: Tina Dörffer
Lektorat: Hartmut Breckenkamp, Bielefeld
Herstellung: Sabine Reimann
Umschlaggestaltung: Bertelsmann Stiftung
Umschlagabbildung: Digital Vision, John Knill
Gesamtherstellung: Hans Kock Buch- und Offsetdruck GmbH, Bielefeld
ISBN 978-3-86793-322-3

www.bertelsmann-stiftung.de/verlag
www.bertelsmann-stiftung.de/fuehrung

Inhalt

Vorwort

Führung ist in aller Munde. Doch welche Ansätze, Vertreter und Theorien stehen dahinter? Was ist up to date, welches die klassische Moderne, was ein alter Zopf? Das Thema Führung hat im Zeichen der Krise und der Entwicklungen im Web 2.0 an Aktualität nicht verloren. Der vorliegende fünfteilige Reader »Führung« soll mit seinem Gesamtüberblick über Ansätze, Entwicklungen, Trends zu Führung und »Leadership« eine Orientierungshilfe bieten.

Verschiedene wissenschaftliche Theorien und Ansätze werden, der historischen Entwicklungslinie folgend, in ihrer Unterschiedlichkeit kurz dargestellt. Die Studie umfasst zunächst in Teil 1 »Erste Ansätze«, die erstmals in den USA und gleichzeitig in Deutschland entwickelt wurden. Um den besonderen Ausprägungen im deutschsprachigen Raum Aufmerksamkeit zu schenken, widmet sich Teil 2 der »Systemischen Führung«. Die Entwicklung von Führungstheorien, die neben der Person der Führungskraft auch die Geführten, die Situation und die Organisation mit einbeziehen, stellt Teil 3 »Führung als Beziehungsphänomen, Transformationale Führung, Werte und Ethik« vor. Beiträge zur psychologischen Forschung, die in den letzten Jahren die Persönlichkeit der Führungsperson näher beleuchtet haben, werden in Teil 4 unter dem Titel »Motivation, Macht und Psyche« dargestellt. Last but not least rundet Teil 5 mit »Leadership heute« die Gesamtschau durch Vertreter der klassischen Moderne sowie neueste Ansätze und Trends ab; dazu zählen die Führungsansätze im Kontext des Web 2.0.

Den Abschluss des Überblicks bildet eine Betrachtung der Besonderheiten Deutschlands hinsichtlich Führung mit Bezug auf die kulturübergreifende GLOBE-Studie. Es ist unser Anliegen, Sie als Leser durch diese Gesamtschau in Ihrer täglichen Praxis mit Vorstand, Kollegen und Mitarbeitern zu unterstützen und den Diskurs um Führung in Deutschland sachlich zu bereichern.

Gütersloh, im April 2011

Martin Spilker
Director Bertelsmann Stiftung

Tina Dörffer
Project Manager Bertelsmann Stiftung

Einleitung und Übersicht

Führung bzw. Leadership stellt ein überall vorhandenes soziales Phänomen, ein zutiefst menschliches Streben dar. Philosophen, Gelehrte und Führungspersönlichkeiten versuchten bereits Modelle und Ansätze zu entwickeln, um Führung bestmöglich zu organisieren bzw. auszuüben. Trotzdem gibt es bis heute keine einheitliche, allgemeingültige Theorie über Führung. Weibler (2004) schreibt sogar, die Hauptforschungsfrage der modernen Führungsforschung sei die Klärung der Frage, was genau unter »Führung« zu verstehen sei. Verschiedene Aspekte von Führung wurden bereits ins Zentrum der Betrachtung gerückt – die Absichten des Führenden, das Verhalten oder die Effektivität bei der Zielerreichung. Harry S. Truman, ehemaliger US-Präsident, definierte Leadership als Fähigkeit, andere Menschen dazu zu bringen, Dinge zu tun, die sie nicht aus eigenem Antrieb heraus vollbracht hätten. Frances Hesselbein beschreibt Führung als »a matter of how to be, not how to do. We spend most of our lives mastering how to do thing, but in the end it is the quality and character of the individual that defines the performance of great leaders« (Hesselbein 1990, S. xii). Peter Northouse definiert Leadership als Prozess, in dem ein Individuum eine Gruppe von Individuen so beeinflusst, dass ein gemeinsames Ziel erreicht wird (Northouse 2007, S. 3). Heifetz beschreibt Führung als die Fähigkeit, durch verschiedene Aktivitäten Menschen und Organisationen zu mobilisieren, um sich an verändernde Bedingungen anzupassen (vgl. Heifetz 1998). Das Ziel des vorliegenden Textes ist es weniger, eine Definition für den Begriff »Führung« bzw. »Leadership« oder eine einheitliche, allumfassende, allgemeingültige Theorie zu finden. Vielmehr werden verschiedene wissenschaftliche Theorien und Ansätze in ihrer Unterschiedlichkeit kurz dargestellt. Allen in dieser Arbeit behandelten Ansätzen ist gemeinsam, dass sie versuchen, das Phänomen »Führung« bzw. »Leadership« zu beschreiben bzw. Hinweise zu geben, wie Führung effektiv und wirksam gestaltet werden kann (oder eben auch nicht).

Bei der Darstellung der verschiedenen Ansätze werden die Begriffe Leadership und Führung synonym verwendet. Trotz des berühmten Ausspruchs von Warren Bennis: »Managers do things right, leaders do the right thing« wird bei einigen Modellen in Anlehnung an die Originalautoren zusätzlich von Management und Managern gesprochen.

Es wird des Weiteren unterschieden zwischen Leader und Leadership bzw. Führungsperson und Führung. Die Führungsperson ist eine Person, die Führung ausübt, d.h. andere führt, um eine Veränderung zu bewirken. Führung ist der Prozess, durch den die Führungsperson die Veränderung fördert, und bezeichnet meist die gemeinsame Handlung des Führenden, der Geführten und die Situation. Geführte sind jene Personen, an die die Führung gerichtet ist bzw. die die Vision des Führenden unterstützen (vgl. McGovern 2008). Die meisten modernen Führungstheorien betonen das Zusammenspiel von Führungsperson und Geführten und lehnen die Sichtweise, dass Führung nur von der Person des Führenden abhängt, ab (vgl. Reggio et al. 2008).

Zu beachten ist beim Lesen, dass es sich manchmal um normative Vorschreibungen und manchmal um Beschreibungen handelt. Auch Qualität und Umfang der empirischen Überprüfung der Ansätze sind unterschiedlich.

Die einzelnen Teile sind – soweit möglich – der historischen Entwicklungslinie folgend aufgebaut:

Teil 1 – »Erste Ansätze« beschreibt die ältesten Führungstheorien, die die Führungsperson in den Mittelpunkt des Interesses setzen, und die sich daraus entwickelnden Führungsstil-Ansätze und Theorien zur situativen Führung. Außerdem wird das Harzburger Modell, das in Deutschland gleichzeitig mit den Führungsstilforschungen in den USA entwickelt wurde, dargestellt.

Teil 2 – »Systemische Führung« ist den wohl bedeutendsten Entwicklungen im Bereich Leadership-Theorie im deutschsprachigen Raum gewidmet. Verschiedene systemtheoretische Ansätze zu Führung werden ihrer Entwicklungslinie folgend beschrieben und Unterschiede und Gemeinsamkeiten aufgezeigt. Den Anschluss stellt schließlich der Ansatz des Mitunternehmertums dar, der ebenfalls im deutschsprachigen Raum entwickelt wurde.

Teil 3 – »Führung als Beziehungsphänomen, Transformationale Führung, Werte und Ethik«
Den Beginn dieses Kapitels bilden Ansätze, in denen die Beziehung zwischen Führenden und Geführten ins Zentrum der Betrachtung rückt, wie beispielsweise Servant Leadership, die Leader-Member-Exchange(LMX)-Theorie und Team Leadership. Anschließend wird die Transformationale Führung in Abgrenzung zur Transaktionalen Führung beschrieben, ebenso werden die darauf aufbauenden neueren Entwicklungen dargestellt. Der letzte Abschnitt dieses Teils umfasst Führungstheorien, die ethisches Verhalten und Werte besonders mit einbeziehen, wie Authentische Führung, Ethische Führung und Toxic Leadership.

Teil 4 – »Motivation, Macht und Psyche«

In diesem Teil stehen vor allem Beiträge der psychologischen Forschung zum Phänomen Führung im Mittelpunkt. Zuerst werden einige ausgewählte Ansätze zur Motivation und zum Zusammenhang zwischen Führung und Motivation dargestellt. Als Nächstes folgt der mikropolitische Ansatz, in dem vor allem Macht ein zentrales Thema ist. Bei den persönlichkeitspsychologischen und psychodynamischen Ansätzen rückt die Persönlichkeit der Führungsperson wieder stärker in den Blickwinkel, aber auch das Zusammenspiel verschiedener Persönlichkeiten wird in die Überlegungen einbezogen. Den Abschluss bilden sozialpsychologische Ansätze (Attributionstheorie) und das Positive Organisationale Verhalten, eine Entwicklung aus der Positiven Psychologie.

Teil 5 – »Leadership heute« – das letzte Kapitel schließt den (historischen) Abriss durch die Führungsforschung mit ausgewählten Vertretern der klassischen Moderne der Führungsforschung (wie beispielsweise Warren Bennis, Peter Drucker und Edgar Schein) und den Ansätzen zu ganzheitlicher und adaptiver Führung ab. Sodann werden aktuelle Themen und Trends der Leadership-Forschung unter anderem die Führungsansätze im Kontext des Web 2.0, beschrieben. Den Schlusspunkt bildet eine Betrachtung der kulturellen Besonderheiten Deutschlands hinsichtlich Führung.

Der Reader beruht, sofern nicht anders angegeben, auf den sich ergänzenden Texten »Leadership – Theorien, Ansätze und Forschung im deutschsprachigen Raum« von Maria Stippler und »Leadership Theory Summary Paper« von Seth Rosenthal und Sadie Moore. Das Ziel der Studie von Rosenthal und Moore (2009) bestand darin, den neuesten Stand der Führungsforschung in den USA darzustellen. Die Studie von Stippler (2009) fasst komplementär dazu die Besonderheiten und speziellen Entwicklungen im deutschsprachigen Raum zusammen. Beide Studien wurden 2009 im Auftrag der Bertelsmann Stiftung im Rahmen des Programms »Führungsfähigkeit stärken« verfasst und durch das Programm »Unternehmensführung in der Globalisierung« als vorliegender Reader ausgearbeitet und veröffentlicht.

Teil 1 Erste Ansätze

Maria Stippler, Seth Rosenthal, Sadie Moore

1 Einleitung

Im vorliegenden Kapitel werden die Anfänge der modernen Führungsforschung beschrieben. Den Anfang bilden drei personenzentrierte Führungstheorien – die Great-Man-Theorie, die Eigenschaftstheorie der Führung und die Skills Theory. Allen drei Ansätzen ist gemeinsam, dass die Person des Führenden im Zentrum der Betrachtung steht; die Geführten und die Situation werden kaum als Einflussfaktoren angenommen. Die Great-Man-Theorie fokussiert auf die Persönlichkeit des Führenden, die Eigenschaftstheorie rückt zeitstabile und situationsunabhängige Eigenschaften in den Vordergrund. Beide Konzepten vertreten, dass die wesentlichen Faktoren, um erfolgreich führen zu können, angeboren sind. Davon unterscheidet sich der dritte personenzentrierte Ansatz, die Skills Theory. Hier liegt der Fokus auf Fähigkeiten, die entwickelt und trainiert werden können.

Den nächsten Schritt in der Geschichte der Führungsforschung und den nächsten Abschnitt dieses Kapitels bilden die Führungsstilforschung, die situative Führung, die Kontingenztheorie und die Weg-Ziel-Theorie. Bei diesen Ansätzen wird anerkannt, dass Führungserfolg nicht nur von der Persönlichkeit der Führungskraft beeinflusst wird, sondern auch von der Situation abhängt, es wird stärker auf das Verhalten von Führungspersonen in bestimmten Situationen Bezug genommen.

Im Anschluss an diese Theorien, die vor allem in den USA entwickelt wurden, wird der Blick nach Deutschland und die dort stattfindenden zeitgleichen Entwicklungen gerichtet. Das Harzburger Modell stellt ein Führungsmodell dar, das vor allem dem Aufbrechen autoritärer Strukturen dienen soll – Delegation stellt einen wichtigen Faktor dar.

2 Personenzentrierte Führungstheorien

Bis zum 20. Jahrhundert stand in nahezu allen Führungstheorien die Person des Führenden im Zentrum, die Beziehung zwischen dem Führenden und den Geführten wurde kaum beachtet. Die Suche nach den besonderen Eigenschaften und Kennzeichen von erfolgreichen Führungspersönlichkeiten kann durch die Menschheitsgeschichte bis in die chinesische Literatur um 600 v. Chr., in ägyptische und babylonische Sagen und zu Plato zurückverfolgt werden (vgl. Bass & Stogdill 1990).

Führung wurde dabei stets als einseitige Einflussnahme von Seiten des Führenden in Richtung der Geführten, die als Kollektiv angesehen wurden, verstanden. Im Folgenden werden drei Theorien, die in diese Rubrik fallen, dargestellt: die Great-Man-Theorie, die Eigenschaftstheorie und die Skills Theory.

Great-Man-Theorie

Bis zur Mitte des 20. Jahrhunderts konzentrierte sich die Führungsforschung hauptsächlich auf sogenannte »great men«, also erfolgreiche Führungspersonen. Führungstheorien wurden an berühmten Führungspersonen der Geschichte, sowohl aus Politik und Militär als auch dem Sozialbereich, ausgerichtet.

Führende wurden als einzigartige, besondere Persönlichkeiten angesehen, ausgestattet mit angeborenen Qualitäten und Charaktereigenschaften, die sie auf natürliche Weise zur Führung befähigten bzw. prädestinierten. Führende unterschieden sich somit von anderen Menschen. In Carlyles Essay »The Hero as King« werden Geführte regelrecht ermahnt, die fähigen und edlen Führenden zu verehren, da diese wüssten, was das Beste sei.

Diese Theorie umfasst des Weiteren die Annahme, dass diese begnadeten Führungspersönlichkeiten die Geschichte und die Gesellschaft formten, ohne Einfluss von Seiten der Geführten, und dass sie unter allen Umständen Führungspersönlichkeiten gewesen wären.

Die Eigenschaftstheorie

In wissenschaftlichen Studien versuchte man im frühen 20. Jahrhundert Charaktereigenschaften und Fähigkeiten von erfolgreichen Führungspersönlichkeiten erfassen. In diesem als Eigenschaftstheorie (Trait Theory) bekannt gewordenen Ansatz wird angenommen, dass effektiv Führende bestimmte Eigenschaften besitzen, die sie in die Lage versetzen, Einfluss auf die Handlungen der Geführten auszuüben. Eigenschaften werden als zeitstabil und situationsunabhängig definiert, sie sollen klar feststellbar und messbar sein. In verschiedenen Studien wurde versucht, die besonders wünschenswerten und effektiven Führungseigenschaften zu identifizieren (vgl. Bass 2008).

1948 erstellte Ralph Stogdill, basierend auf den Ergebnissen von 124 Studien aus den vorangegangenen 40 Jahren, eine umfangreiche Zusammenstellung von Eigenschaften, die bei erfolgreichen Führungspersonen gefunden wurden, wie beispielsweise Intelligenz, Aufmerksamkeit, Ausdauer, Selbstvertrauen und Initiative. Er vertrat die Auffassung, dass es nicht ausreichend sei, die angegebenen Eigenschaften zu besitzen, um ein erfolgreicher Führender zu sein, sondern dass es auch notwendig sei, dass die Eigenschaften zu den jeweils auftretenden Situationen passten (vgl. Bass 2008).

In seiner zweiten Übersichtsarbeit aus dem Jahr 1974, in die er die Ergebnisse von 163 Studien aufnahm, konnte er nachweisen, dass es Eigenschaften gibt, die die Wahrscheinlichkeit, erfolgreich zu führen, in jeder Situation steigern. Zu diesen Eigenschaften zählen

1. das Streben nach Verantwortung und Aufgabenerfüllung,
2. Ehrgeiz und Beharrlichkeit bei der Zielerreichung,
3. Risikobereitschaft und Originalität bei der Lösung von Problemen,
4. Initiative und Zugehen auf andere,
5. Selbstvertrauen und Selbsterkenntnis,
6. Bereitschaft, Konsequenzen zu tragen,
7. Stresstoleranz,
8. Frustrationstoleranz,
9. die Fähigkeit, andere Menschen zu beeinflussen,
10. die Fähigkeit, soziale Strukturen zu schaffen.

Richard D. Mann fasste 1959 die Ergebnisse von verschiedenen Studien zu Führungseigenschaften zusammen und identifizierte u. a. Intelligenz, Maskulinität, Dominanz und Extraversion als Eigenschaften erfolgreicher Führungskräfte (vgl. Mann 1959). Eine erneute Analyse der Daten von Lord, DeVader und Alliger (1986) bestätigte, dass Maskulinität und Dominanz einen großen Einfluss auf die Wahrnehmung der Führenden durch die Geführten hätten, und die Autoren argumentierten, dass diese Merkmale Führende und Geführte unterschieden (vgl. Sohm 2007).

Heutzutage herrscht in der Führungsforschung Übereinkunft, dass Führungspersönlichkeiten meist bestimmte Eigenschaften wie Intelligenz, Ausdauer und Extraversion besitzen (vgl. Wegge & von Rosenstiel 2004). Die Eigenschaftstheorie an sich wird jedoch allgemein aus zwei Gründen als veraltet angesehen (vgl. Lührmann 2004): Erstens hat es sich als unmöglich herausgestellt, eine endgültige Liste mit Eigenschaften zu erstellen, die in allen Situationen förderlich für den Führungserfolg sind. Zweitens wird der Einfluss der Geführten und der Situation vernachlässigt.

Skills Theory

Mitte des 20. Jahrhunderts verschob sich der Fokus der Führungsforschung von den angeborenen, zeitstabilen und situationsunabhängigen Eigenschaften hin zu *Fähigkeiten, die erlernt und entwickelt werden können*. 1955 veröffentlichte Robert Katz den Artikel »Skills of an Effective Administrator«, in dem er Führungsfähigkeiten identifizierte, die gefördert werden können. Er beschrieb, dass Führende drei Arten von Fähigkeiten benötigen: technische, soziale und konzeptionelle Fähigkeiten. Zu den technischen Fähigkeiten zählen wissensbasierte Fähigkeiten zur Erfüllung der Anforderungen der jeweiligen Arbeitssituation, also beispielsweise Fachwissen, Methodenkenntnisse, Wissen über Prozessabläufe, Wissen über die Organisationsstruktur. Soziale Fähigkeiten ermöglichen dem Führenden das produktive Zusammenarbeiten mit anderen, wie beispielsweise Verständnis für menschliches Verhalten und Gruppenprozesse, Kommunikationsfähigkeit, Empathie und die Fähigkeit, Beziehungen aufzubauen und aufrechtzuerhalten. Konzeptuelle Fähigkeiten ermöglichen das Entwickeln und Formulieren von Ideen und Visionen. Zu ihnen zählen beispielsweise logisches und analytisches Denken, die Fähigkeit zur Erfassung komplexer Zusammenhänge, Urteilsfähigkeit, Weitsicht, Intuition, Kreativität und die Fähigkeit, Widersprüche zusammenzuführen (vgl. Northouse 2007; McGovern et al. 2008).

Mumford, Zaccaro, Connelly und Marks (2000) arbeiteten an einer Neuformulierung der Skills Theory im Sinne eines umfassenden, fähigkeitsbasierten Führungsmodells mit dem Schwerpunkt auf der Fähigkeit des Führenden, umfassende konzeptionelle und organisationale Probleme zu lösen. Dazu erweiterten sie das Basisparadigma von Katz um die Annahme, dass die Basiskompetenzen eines Führenden durch seine Erfahrungen und die Umwelt geprägt und verändert werden. Dieser Ansatz beschreibt fünf voneinander abhängige Komponenten effektiver Führung: Kompetenzen, individuelle Attribute, Führungsoutcome, Karriereerwartungen und Einfluss von außen (Umwelt).

Es herrscht Uneinigkeit darüber, ob dieser Ansatz nun als eigenständiges Modell (vgl. Northouse 2007) oder als Weiterentwicklung innerhalb desselben Forschungsstrangs (vgl. Yukl 2010) anzusehen ist. Zusammenfassend kann festgehalten werden, dass die Skill Theory die Bedeutung von Kontextfaktoren betont und erlernte Fähigkeiten, im Gegensatz zu angeborenen Eigenschaften, zur Erklärung effektiver Führung heranzieht. Gemeinsam ist dieser Theorie sowie der Eigenschaftstheorie, dass beide auf die Führungsperson und ihre Attribute fokussieren. Das Erstellen universal gültiger Listen von Eigenschaften bzw. Fähigkeiten, die situationsunabhängig zu Erfolg führen, ist aber in beiden Fällen nicht möglich.

Obwohl auch heute noch einige Wissenschaftler diese Ansätze verfolgen, hat sich die Führungsforschung weiterentwickelt. Die Vorstellung, dass Führung nur von der Person des Führenden beeinflusst wird, wurde von Ansätzen, in denen die Beziehung zwischen Führenden und Geführten berücksichtigt wird, abgelöst.

3 Führungsstilforschung

Im Gegensatz zu den oben beschriebenen Theorien, in denen Eigenschaften und Fähigkeiten des Führenden als zentral gesehen werden, steht bei den folgenden Ansätzen das Verhalten der Führungsperson im Mittelpunkt. Es wird angenommen, dass die Situation maßgeblich mitbestimmt, ob eine gewisse Verhaltensweise zum erwünschten Erfolg führt. Die Vorstellung, dass es eine Liste mit Eigenschaften oder Fähigkeiten geben könnte, die in allen Situationen angemessen sind, wird abgelehnt. Neben der Führungskraft treten nun auch die Geführten und die Beziehung zwischen Führendem und Geführten in den Blick der Forschung. Es wird versucht, Führungsstile zu bestimmen, aus denen in bestimmten Kontexten effektive Führung resultiert.

Der Führungsstil-Ansatz

Vertreter des Führungsstil-Ansatzes unterscheiden zwei Kategorien von Führungsverhalten: aufgabenorientiertes Führungsverhalten und beziehungsorientiertes Führungsverhalten. Aufgabenorientiertes Führungsverhalten umfasst das Vorgeben von Strukturen, das Definieren von Rollen und Unterstützung der Gruppe bei der Bewältigung der Arbeitsaufgaben. Beziehungsorientiertes Führungsverhalten fördert den Gruppenzusammenhalt und die Zufriedenheit der einzelnen Gruppenmitglieder mit sich selbst, den KollegInnen und der Arbeitssituation (vgl. Northouse 2007). Im Führungsstil-Ansatz wird versucht zu bestimmen, welche Kombination von Aufgabenorientierung und Beziehungsorientierung zu Führungserfolg führt.

Führungsstilforschung an der Ohio State

In den 60er Jahren wurden an der Ohio State University, an der University of Michigan sowie von Robert R. Blake und Jane S. Mouton mehrere Studien zum Führungsstil-Ansatz durchgeführt (vgl. Blake & Mouton 1964). An der Ohio State University wurde im Zuge dieser Studien ein Fragebogeninventar, das Leader Behavior Description Questionnaire (LBDQ), entwickelt. Dieses Instrument dient der Befragung von Untergebenen zum Führungsverhalten ihrer Vorgesetzten. Die Ergebnisse der von Stogdill überarbeiteten Fassung des LBDQ zeigen, dass es zwei zentrale Cluster von Führungsverhalten gibt:

- *Initiating structure* (Planungsinitiative, strukturierende Aktivität)
- *Consideration* (Rücksichtnahme, praktische Besorgtheit)

Initiating structure umfasst aufgabenorientierte Verhaltensweisen, wie beispielsweise das Vorgeben von Strukturen, Regeln und Arbeitsabläufen und das Zuteilen von Verantwortlichkeiten. Consideration beschreibt beziehungsorientierte Verhaltensweisen, wie beispielsweise Respekt und den Aufbau von Vertrauen (vgl. Neuberger 2002). In Tabelle 1 werden typische Verhaltensmuster von Führungskräften entsprechend der zwei Dimensionen initiating structure und consideration dargestellt.

Tabelle 1: Zentrale Inhalte der Ohio-Dimensionen nach Wunderer (2007)

Consideration	Initiating Structure
Die beziehungsorientierte Führungskraft	Die aufgabenorientierte Führungskraft
• achtet auf das Wohl der Mitarbeiter	• herrscht mit eiserner Hand
• bemüht sich um ein gutes Verhältnis zu den Unterstellten	• achtet darauf, dass alle Mitarbeiter die volle Arbeitskraft einsetzen
• behandelt alle Unterstellten als Gleichberechtigte	• stachelt durch Druck und Manipulation zu besonderer Anstrengung an
• unterstützt die Mitarbeiter bei ihren Aufgaben	• verlangt von langsamen oder leistungsschwachen Mitarbeitern, sich mehr anzustrengen
• erleichtert es den Mitarbeitern, unbefangen und frei zu reden	• legt besonderen Wert auf die Arbeitsmenge
• setzt sich für die Mitarbeiter ein	• tadelt mangelhafte Arbeit

Quelle: Eigene Darstellung

Nach dem Führungsstil-Ansatz sind die Verhaltensweisen dieser zwei Dimensionen der Kern von Leadership. Es ist Aufgabe der Führungskräfte, diese zwei Anteile der Situation angemessen zu kombinieren (vgl. Northouse 2007).

Führungsstilforschung an der University of Michigan

Auch in den Studien an der University of Michigan wurden zwei unterschiedliche Arten von Führungsverhalten bestimmt: production orientation (Aufgabenorientierung) und employee orientation (Mitarbeiterorientierung). Aufgabenorientierung bedeutet, den Fokus auf die Aufgabenerledigung zu richten. Mitarbeiterorientierung bedeutet, die Mitarbeiter als Individuen zu begreifen und auf ihre individuellen Bedürfnisse zu achten (vgl. Northouse 2007). Der Hauptunterschied zwischen den Ergebnissen der Ohio-State- und der Michigan-Studien liegt in der Einschätzung der gegenseitigen Abhängigkeit bzw. Unabhängigkeit der beiden Führungsstile. In den Ohio-State-Studien wurde angenommen, dass Führungskräfte jeweils entweder hohe oder niedrige Werte auf beiden Skalen erreichen können. Die Michigan-Studien hingegen deuteten darauf hin, dass eine Führungskraft entweder eine stark ausgeprägte Aufgabenorientierung oder eine ebensolche Mitarbeiterorientierung aufweisen konnte, allerdings kaum eine starke Ausprägung beider Verhaltensweisen. Diese zweite Annahme ließ sich jedoch nicht bestätigen, und man schloss sich so der Sichtweise der Ohio-State-Studien an (vgl. McGovern et al. 2008).

Leadership Grid – das Verhaltensgitter von Blake & Mouton

Aufbauend auf den oben beschriebenen Studien an der Ohio State und der University of Michigan, wurden Möglichkeiten, Aufgaben- und Beziehungsorientierung zu kombinieren, beschrieben. Ein bekanntes Beispiel hierfür ist das sogenannte leadership grid, ein Verhaltensgitter von Blake und Mouton (1964). In diesem Modell werden concern for results (Leistungsorientierung, in Anlehnung an initiating structure und task orientation) und concern for people (Mitarbeiterorientierung, in Anlehnung an consideration und relation orientation) entlang von zwei Achsen bestimmt. Abhängig von den jeweiligen Ausprägungen auf diesen zwei Achsen wurden fünf Führungsstile bestimmt, die in Abbildung 1 dargestellt sind (vgl. Neuberger 2002):

Abbildung 1: Leadership Grid nach Blake & Mouton

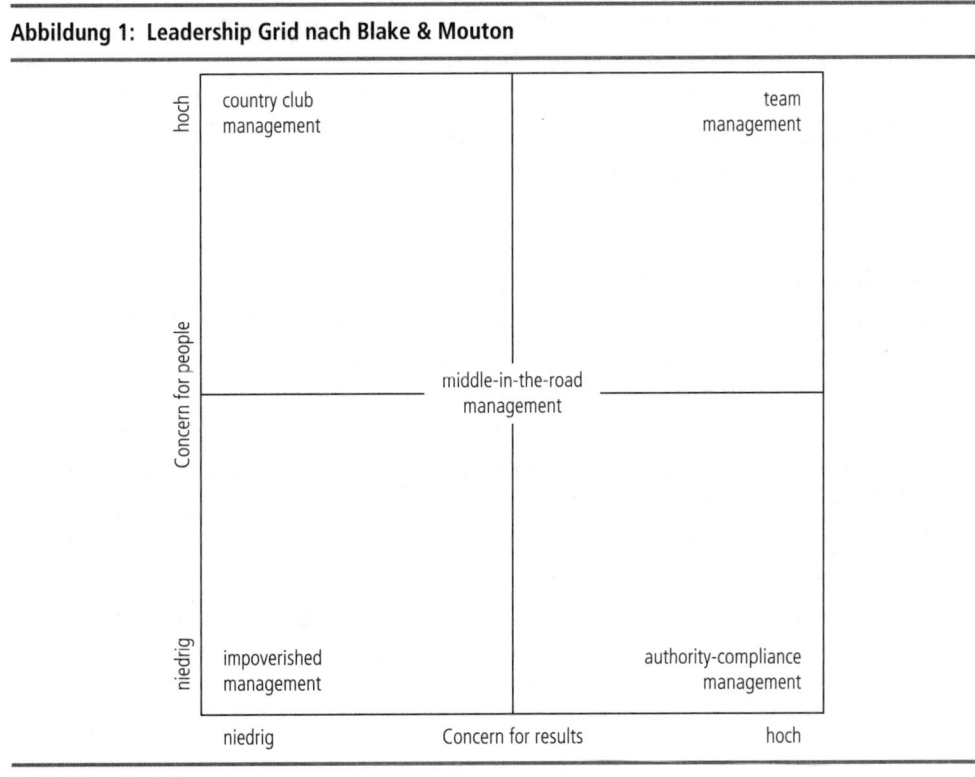

Quelle: Eigene Darstellung

1. *Authority-compliance management* (Befehl-Gehorsam-Management) ist charakterisiert durch Versagensangst und dem Wunsch nach Kontrolle und Dominanz. Die Leistungsorientierung ist sehr ausgeprägt, die Mitarbeiterorientierung sehr gering. Erfolg beruht darauf, Arbeitsbedingungen so einzuteilen, dass persönliche Faktoren minimiert werden.
2. *Country club management* (Glacéhandschuhmanagement) ist charakterisiert durch Angst vor Zurückweisung und dem Wunsch zu gefallen. Die Mitarbeiterorientie-

rung ist sehr ausgeprägt, die Leistungsorientierung ist sehr gering. Das Betriebsklima ist freundlich, das Arbeitstempo gemächlich, die Bedürfnisse der Mitarbeiter nach zufrieden stellenden zwischenmenschlichen Beziehungen werden berücksichtigt.

3. *Impoverished management* (Überlebensmanagement) ist charakterisiert durch Angst vor Kündigung und den Wunsch, sich aus allem herauszuhalten. Sowohl Mitarbeiterorientierung als auch Leistungsorientierung sind gering ausgeprägt. Die minimale Anstrengung, die zur Erledigung der geforderten Aufgaben erbracht wird, reicht gerade, um sich im Unternehmen zu halten.

4. *Middle-of-the-road management* (Organisationsmanagement) ist charakterisiert durch Angst vor Demütigung und den Wunsch dazuzugehören. Das Herstellen eines Gleichgewichts zwischen Beziehungs- und Leistungsorientierung führt zu angemessener Leistung und Aufrechterhaltung der Betriebsmoral.

5. *Team management* (Teammanagement) ist charakterisiert durch Angst vor Selbstsucht und den Wunsch nach persönlicher Entwicklung. Leistungs- und Mitarbeiterorientierung sind stark ausgeprägt. Engagierte Mitarbeiter bringen hohe Arbeitsleistung, der Einsatz für das gemeinsame Ziel verbindet, schafft Vertrauen und gegenseitige Achtung.

Das Verhaltensgitter von Blake und Mouton wird auch heute noch verwendet, vor allem in Leadership-Trainingsprogrammen zur Bestimmung des persönlichen Führungsstils.

In den 60er Jahren wurden zahlreiche Studien durchgeführt, die Klarheit schaffen sollten, welche Kombination am effektivsten sei. Die Ergebnisse zeigten, dass meist eine starke Ausprägung auf beiden Achsen zu hoher Effektivität führt, betonten aber auch die starke Abhängigkeit des Führungserfolgs von der Situation. Damit wurde deutlich, dass das eigentliche Ziel der Führungsstilforschung, ein allgemeingültiges, immer erfolgreiches Führungsverhalten zu formulieren, nicht erreicht werden konnte (vgl. Northouse 2007; Yukl 2010). Der wesentliche Beitrag dieses Ansatzes besteht aber darin, dass die beiden wesentlichen Kategorien, die Führungsverhalten definieren, identifiziert wurden und dass die Aufmerksamkeit von der Person des Führenden im Folgenden auf die Situation überging.

Situative Führung

Die situative Führungstheorie von Hersey und Blanchard (1969) vertritt die Annahme, dass unterschiedliche Situationen unterschiedliche Arten von Führung verlangen und dass erfolgreiche Führungskräfte ihr Verhalten an die Situation anpassen (vgl. Northouse 2007). Der Führungsstil wird demnach durch die arbeitsbezogene und die psychische Reife der Geführten bestimmt. Diese ist durch eine Reife-Skala messbar. Je reifer die Mitarbeiter sind, desto weniger Führung brauchen sie. Der Reifegrad kann durch gezielte Interventionen gefördert werden.

Die zwei grundlegenden Führungsverhaltensweisen sind directive (direktiv, aufgabenorientiert) und supportive (unterstützend, mitarbeiterorientiert). Direktives Verhalten umfasst klare Anweisungen bezüglich der arbeitsbezogenen Aufgaben, das Definieren von Rollen und das Vorgeben einer Struktur. Unterstützendes Verhalten fördert Kommunikation in beide Richtungen, also von Führungskraft zu Untergebenen und vice versa und die Partizipation der Geführten. Die Autoren beschreiben vier mögliche Kombinationen von Aufgabenorientierung und Mitarbeiterorientierung:

1. Telling: hohe Aufgabenorientierung, geringe Mitarbeiterorientierung
2. Selling: hohe Aufgabenorientierung, hohe Mitarbeiterorientierung
3. Participating: hohe Mitarbeiterorientierung, geringe Aufgabenorientierung
4. Delegating: geringe Aufgabenorientierung, geringe Mitarbeiterorientierung

Wie viel Führungsverhalten notwendig ist und welche Kombination von Mitarbeiterorientierung und Aufgabenorientierung zum gewünschten Erfolg führt, ist vom Reifegrad der Mitarbeiter abhängig. Dies wird in Abbildung 2 dargestellt (vgl. Yukl 2010).

Abbildung 2: Situative Führungstheorie nach Hersey und Blanchard

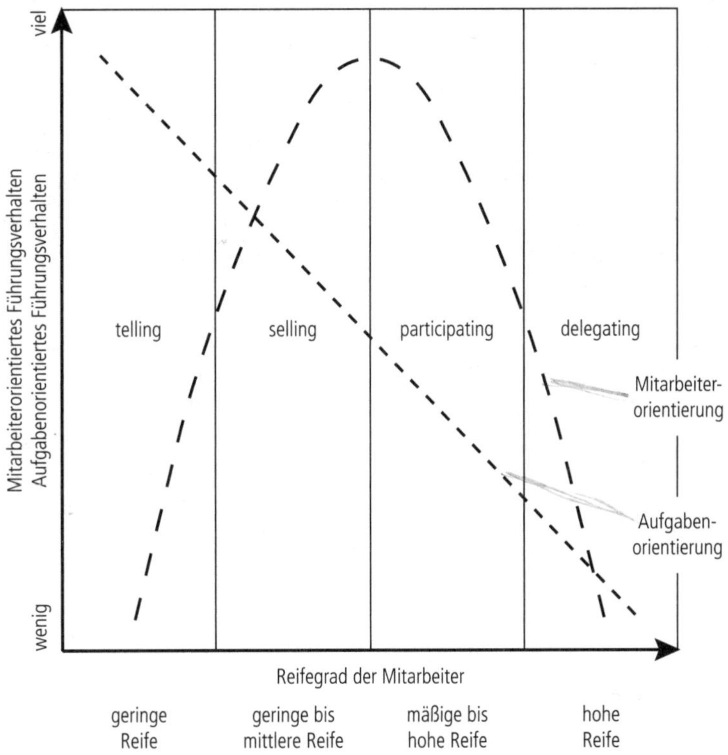

Quelle: Eigene Darstellung

23

Die Kontingenztheorie

Die Kontingenztheorie der Führungseffektivität von Fiedler (1967) baut auf der Theorie der situativen Führung von Hersey und Blanchard auf. In Fiedlers Leader-Match-Konzept empfiehlt dieser, die Führungskraft in eine Situation zu bringen, in der sie ihrem natürlichen Führungsstil entsprechend die besten Leistungen erzielen kann (vgl. Lührmann 2004). Das Grundschema dieses Modells ist in Abbildung 3 dargestellt.

Abbildung 3: Grundschema des Kontingenzmodells von Fiedler

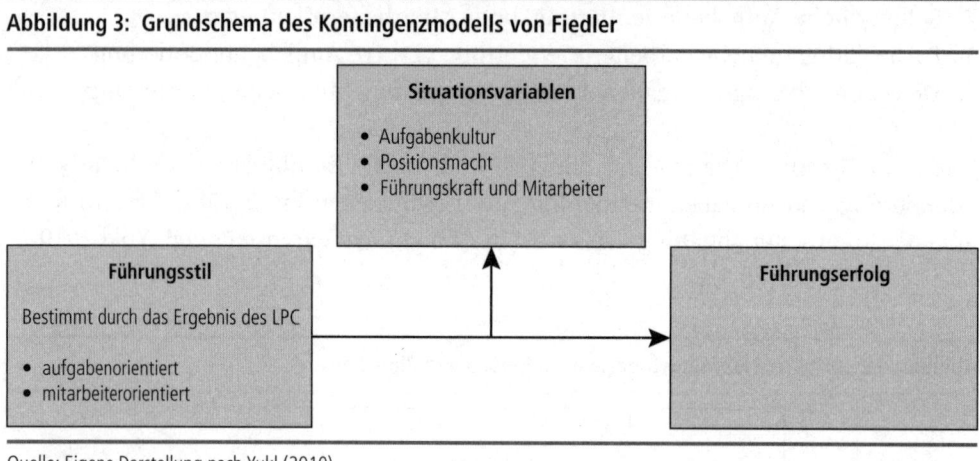

Quelle: Eigene Darstellung nach Yukl (2010)

Um den Führungsstil einer Person zu bestimmen, entwickelte Fiedler eine eigene Messskala, die Least Preferred Coworker Scale (LPC). An den Endpunkten der Skala finden sich die Pole task-motivated (aufgabenorientiert) und relationship-motivated (beziehungsorientiert). Abbildung 4 zeigt einen Ausschnitt der LPC-Skala. Die gesamte Skala umfasst 18 Gegensatzpaare.

Abbildung 4: Ausschnitt aus der LPC-Skala

angenehm	8	7	6	5	4	3	2	1	unangenehm
freundlich	8	7	6	5	4	3	2	1	unfreundlich
gespannt	8	7	6	5	4	3	2	1	entspannt
kalt	8	7	6	5	4	3	2	1	warm
unaufrichtig	8	7	6	5	4	3	2	1	aufrichtig
...									

Quelle: Eigene Darstellung nach Neuberger (2002)

Zur Beschreibung der Situation werden drei Variablen herangezogen, die gemeinsam die favorability, die Günstigkeit der Situation, bestimmen:

1. *Leader-member relations* (Beziehung zwischen Führendem und Geführten), also der Grad der gezeigten Gruppenkohäsion und Bewunderung für den Führenden. Eine gute Beziehung ist auf Vertrauen und Loyalität aufgebaut, in der Gruppe herrscht eine gute Arbeitsatmosphäre.
2. *Task structure* (Aufgabenstruktur) gibt an, wie klar Aufgaben abgegrenzt bzw. vorgegeben sind. Eine hoch strukturierte Aufgabe ist klar formuliert, sodass sie von allen verstanden wird und auch klar ist, wie die Aufgabenerreichung gemessen wird. Der Weg zur Erfüllung der Aufgabe ist eindeutig, die dazu notwendigen Regeln und Prozesse sind festgelegt.
3. *Position power* (Positionsmacht), also die Autorität der Führungskraft, die durch die Hierarchie zugeschriebene Macht. Diese Macht ist umso größer, je mehr Möglichkeiten zur Belohnung und Bestrafung (z.B. disziplinarische Maßnahmen) die Führungskraft zur Verfügung hat (vgl. Neuberger 2002).

Die erste Variable, also die Beziehung zwischen Führungskraft und Geführten, wirkt sich am stärksten auf die Günstigkeit der Situation aus, die Positionsmacht am geringsten. Dies wird in Abbildung 5 dargestellt.

Abbildung 5: Kontinuum der situativen Günstigkeit

Beziehung	+	+	+	+	–	–	–	–
Aufgabenstruktur	+	+	–	–	+	+	–	–
Positionsmacht	+	–	+	–	+	–	+	–
Situative Günstigkeit	I	II	III	IV	V	VI	VII	VIII
	sehr günstig			mittelmäßig		sehr schlecht		

Quelle: Eigene Darstellung

Die Kontingenztheorie postuliert, dass durch die Bestimmung des Führungsstils der Führungskraft und der situativen Günstigkeit der Führungssituation eine Vorhersage des Führungserfolgs möglich ist. So sind in mäßig günstigen Situationen beziehungsorientierte Führungskräfte, in sehr ungünstigen und sehr günstigen Situationen aber aufgabenorientierte Führungskräfte erfolgreich. Erfolg ist dabei durch Aufgabeneffektivität definiert (vgl. Neuberger 2002).

Obwohl dieser Ansatz beschreibt, dass nicht jeder Führende in jeder Situation erfolgreich sein kann, gibt die Kontingenztheorie keine Hinweise darauf, wie man Führungskräfte oder Situationen verändern kann, wenn sie nicht übereinstimmen. Außerdem bietet er auch keine Erklärung, warum gewisse Führungsstile in bestimmten Situationen erfolgreich sind – Fiedler selbst bezeichnete dies als Black-Box-Problem (vgl. Fiedler 1993).

Die Weg-Ziel-Theorie der Führung

Die Weg-Ziel-Theorie der Führung, die in den 70er Jahren entwickelt wurde, berücksichtigt als erste Theorie die Motivation der Geführten im Sinne einer Situationsvariablen (vgl. Evans 1970; House 1971). Diese Theorie postuliert, dass Führende die Motivation der Geführten durch entsprechendes Führungsverhalten beeinflussen können, indem sie die Zielerreichung für die Geführten einfacher und attraktiver machen. Die Führungskraft wird in diesem Ansatz als Wegbereiter verstanden. Es ist ihre Aufgabe, den Geführten das Ziel zu erklären, es an für die Geführten relevante Anreize anzubinden, den Weg zur Zielerreichung aufzuzeigen und sie auf diesem Weg zu unterstützen sowie organisationale Hindernisse aus dem Weg zu räumen (vgl. Sohm 2007).

Den Kern dieses Modells bilden die folgenden vier möglichen Verhaltensweisen der Führungskraft (vgl. House et al. 1974).

1. *Directive leadership* (direktive Führung): Die Führungskraft macht deutlich, was von den Geführten erwartet wird, welche Regeln und welche Zeitplanung bei der Arbeitserfüllung beachtet werden müssen.
2. *Supportive leadership* (unterstützende Führung): Die Führungskraft sorgt für eine freundliche Arbeitsatmosphäre und ist interessiert am Wohlergehen der Geführten, der Umgang miteinander ist von Respekt geprägt.
3. *Participative leadership* (partizipative Führung): Die Führungskraft berät sich mit den Geführten, ihre Ideen und Meinungen fließen in die Entscheidungsfindung ein.
4. *Achievement oriented leadership* (leistungsorientierte Führung): Die Führungskraft stellt hohe Anforderungen, betont die Leistungsverbesserung und zeigt Vertrauen in die Geführten, dass sie diesen Erwartungen gerecht werden.

Diese Verhaltensweisen beeinflussen die Erwartungen der Mitarbeiter, die bestimmt werden durch die Situationsvariablen subordinates characteristics (Merkmale der Geführten) und task characteristics (Merkmale der Arbeitsaufgabe). Der Grundgedanke dabei ist stets, dass der Führende den Geführten das geben soll, was in der Situation selbst fehlt, um sie zu motivieren. Dies wird in Abbildung 6 grafisch dargestellt.

Zu den Merkmalen der Geführten zählen das Bedürfnis nach persönlicher Zuwendung durch die Führungskraft sowie nach klaren Strukturen, der Drang zur Selbststeuerung und das Vertrauen in die eigenen Fähigkeiten. Die Weg-Ziel-Theorie geht davon aus, dass beispielsweise Geführte mit einem starken Bedürfnis nach persönlicher Zuwendung einen unterstützenden Führungsstil positiv empfinden, ein Geführter mit starkem Drang zur Selbststeuerung hingegen eher einen partizipativen Führungsstil.

Die Aufgabenmerkmale beinhalten die Organisation der Arbeitsgruppe und des Unternehmens, die Struktur der Aufgabe und das Stress- und Risikoniveau sowie die Vielfältigkeit bzw. Monotonie der Arbeit. Bei sehr stressreichen Aufgaben ist bei-

Abbildung 6: Grundschema der Weg-Ziel-Theorie

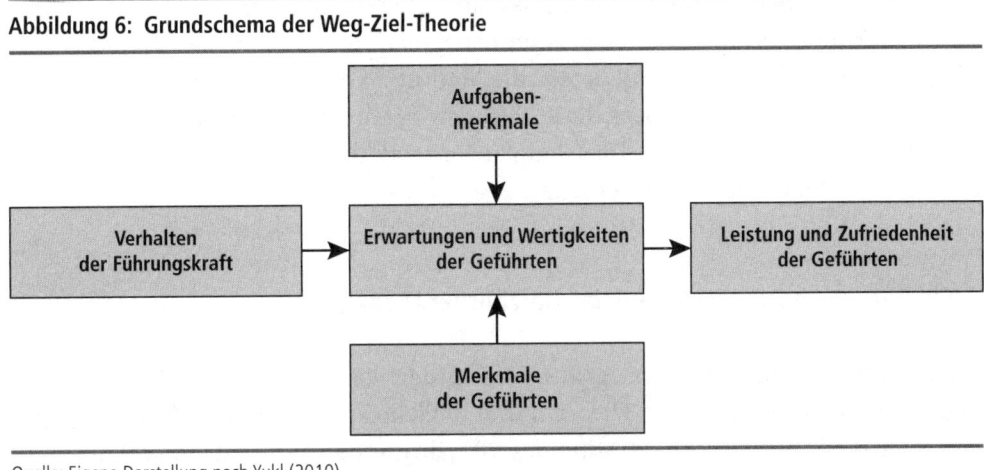

Quelle: Eigene Darstellung nach Yukl (2010)

spielsweise unterstützende Führung empfehlenswert, bei komplexen und neuartigen Aufgaben, insbesondere wenn die Geführten wenig Erfahrung auf diesem Gebiet haben und wenig Vertrauen in ihre Fähigkeiten, wirkt sich direktive Führung positiv aus. Partizipative und leistungsorientierte Führung wirken in diesem Modell nur bei unklaren bzw. neuartigen Aufgaben motivierend (vgl. Sohm 2007).

Die Validität dieses Ansatzes wurde in zahlreichen Studien nur teilweise unterstützt (vgl. House et al. 1974; Wofford et al. 1993), die Ergebnisse, welches Verhalten in welchen Situationen am besten geeignet ist, sind nicht immer eindeutig.

Diese Theorie bezieht zwar die Motivation der Geführten in das Modell mit ein, kann jedoch den Zusammenhang zwischen Führungsverhalten und Motivation der Geführten nicht erklären. Emotionale Reaktionen, Entscheidungsdilemmata und die intrinsische Motivation fließen zu wenig in das Modell ein. Auch die Übertragung auf die Praxis ist schwierig: Die Führungskraft müsste in der Lage sein, die Motivation der Geführten und die Ausprägung der oben genannten Merkmale der Geführten wie auch der Aufgabe zu erkennen, und darauf mit dem entsprechenden Führungsverhalten reagieren.

Zusammenfassung

Zusammenfassend lässt sich festhalten: Führungsstil-Ansätze gehen davon aus, dass eine Führungsperson abhängig von der konkreten Situation und Kontext erfolgreich ist. Damit unterscheiden sich diese Theorien deutlich von den zuerst beschriebenen personenzentrierten Führungstheorien. Der Führungsstil-Ansatz postuliert, dass eine Führungskraft Aufgaben- und Mitarbeiterorientierung kombinieren kann, um erfolgreich zu führen. Die situative Führungstheorie geht davon aus, dass sich Führungskräfte an die Geführten anpassen sollen, um die besten Ergebnisse zu erreichen.

Die Kontingenztheorie argumentiert, dass eine Übereinstimmung zwischen dem natürlichen Führungsstil einer Person und der Situation gefunden werden muss. Die Weg-Ziel-Theorie berücksichtigt bereits die Motivation der Geführten.

Festzuhalten bleibt also, dass diese Theorien bereits die Bedeutung und den Einfluss der Geführten erkennen. Das Hauptaugenmerk liegt allerdings immer noch bei der Führungskraft und ihrem Verhalten.

4 Ein Blick nach Deutschland – das Harzburger Modell

Die oben beschriebenen Führungstheorien wurden vor allem in den USA entwickelt und erforscht. Während diese Theorien und Modelle auch nach Europa kamen, wurden zusätzlich in Deutschland Mitte des 20. Jahrhunderts eigenständige Führungstheorien und Ansätze entwickelt. In Deutschland stellt das Harzburger Modell, motiviert durch den Wunsch, autoritäre Führungsformen abzulösen, eine erste Abwendung vom Eigenschaftsmodell der Führung dar.

Das Harzburger Modell wurde in den 50er Jahren an der Führungsakademie Bad Harzburg unter der Leitung des Akademiegründers Reinhard Höhn entwickelt. Die in diesem Modell beschriebene Führung im Mitarbeiterverhältnis sollte die in den Unternehmen vorherrschenden autoritären Führungsformen ablösen.

Das Modell beschreibt eine effektive und methodische Arbeitsweise für Unternehmen. Operationale Abläufe sollen bürokratisch und gründlich im unternehmerischen Alltag organisiert und kontrolliert werden. Den Kern bildet die Delegation von Verantwortung an die einzelnen Mitarbeiter durch Stellenbeschreibungen und allgemeine Dienstanweisungen. Bernthal beschrieb das Harzburger Modell 1978 daher als »distinctive adaption of management by objectives to the German cultural and economic context« (vgl. Grunwald und Bernthal 1983, S. 233–241).

Zusätzlich beschreibt das Modell Führungsanweisungen, Stellvertretungen, Dienstaufsicht und Erfolgskontrollen, Zielvereinbarungen, Mitarbeiterbesprechungen und vieles mehr (vgl. Höhn und Böhme 1971). Dabei handelt es sich jedoch um idealtypische Beschreibungen, die die Wirklichkeit komplexer Systeme nicht erfassen.

Das Bestreben, das die Entwicklung dieses Modells vorantrieb, bestand vor allem darin, autoritäre Führungsbeziehungen abzulösen. In den 60er Jahren wurde das Modell zuerst in der deutschen Bundeswehr und später auch in zahlreichen Wirtschaftsunternehmen eingeführt (vgl. Höhn 1970). Heute hat das Modell kaum noch Relevanz, der Wunsch, Alternativen zu autoritären Führungsformen zu finden, zeigt sich aber immer noch in vielen Theorien, vor allem in den systemischen Ansätzen (siehe Kapitel 2).

5 Zusammenfassung

In diesem Kapitel wurden die ersten Ansätze der Führungsforschung beschrieben. Es wurde gezeigt, dass sich die Betrachtungsweise ausgehend von einer Zentrierung auf die Person des Führenden und seine Eigenschaften und Fähigkeiten zunehmend veränderte. Den nächsten Schritt in der Geschichte der Führungsforschung bildete die Führungsstilforschung, neben den Eigenschaften der Führungsperson fanden so auch die Situation und das Verhalten der Führungskraft Eingang in die Modelle. Erstmals erweiterte sich damit der Blick auch auf die Geführten, die als Teil der Situation in den Theorien Platz fanden.

6 Ausblick

Die in diesem Teil beschriebene Entwicklung von der Konzentration auf die Person des Führenden hin zur Situation wird sich im nächsten Kapitel bei den systemischen Ansätzen fortsetzen. Die systemische Führungstheorie kann als die wichtigste Entwicklung in der Führungsforschung im deutschsprachigen Raum angesehen werden. Besonders deutlich ist bei diesem Ansatz die Zurückweisung der Fokussierung auf die Führungskraft. Die Organisation wird als komplexes und undurchschaubares System, das sich selbst reguliert, betrachtet. Die Führungskraft ist nicht mehr allein für den Führungserfolg verantwortlich. Ebenfalls in Teil 2 wird der Ansatz des Mitunternehmertums beschrieben. Auch bei diesem Ansatz trägt die Führungskraft nicht die alleinige Verantwortung. Die Eigenverantwortung und Eigeninitiative aller Mitarbeiter soll gefördert und so die Verantwortung auf das ganze Unternehmen verteilt werden.

7 Literatur

Bass, B. M. (2008): *The Bass handbook on leadership: Theory, research & managerial applications*. New York: Free Press.

Bass, B. M. & Stogdill, R. M. (1990): *Bass & Stogdill's handbook of leadership. Theory, research, and managerial applications*. New York: Free Press.

Blake, R. R. & Mouton, J. S. (1964): *The new managerial grid: Key orientations for achieving production through people*. Houston: Gulf Publishing Company.

Carlyle, T. (1902): The hero as a king. In: Carlyle, T. & MacMechan A. (Hrsg.): *Carlyle on heroes, hero, worship, and the heroic in history*. Boston, MA: Ginn & Co.

Evans, M. G. (1970): The effects of supervisory behavior on the path-goal relationship. In: *Organizational Behavior and Human Performance*, 5, S. 277–298.

Fiedler, F. E. (1967): *A Theory of Leadership Effectiveness*. New York: McGraw-Hill.

Fiedler, F. E. (1993): The leadership situation and the black box in contingency theories. In: Chemers, M. M. & Ayman, R. (Hrsg.): *Leadership, theory, and research: Perspectives and directions.* New York: Academic Press.

Grunwald, W. & Bernthal, W. F. (1983): Controversy in German Management: The Harzburg Model Experience. In: *Academy of Management Review,* 8 (2), S. 233–241.

Hersey, P. & Blanchard, K. H. (1969): *Management of organizational behavior: Utilizing human resources.* Englewood Cliff, NJ: Prentice-Hall.

Höhn, R. (Hrsg.) (1970): *Das Harzburger Modell in der Praxis. Rundgespräch über die Erfahrungen mit dem neuen Führungsstil in der Wirtschaft.* Bad Harzburg: Verlag für Wissenschaft, Wirtschaft und Technik.

Höhn, R. & Böhme, G. (1971): *Die Verwirklichung der Führung im Mitarbeiterverhältnis in der Verwaltung. Ein Stufenplan.* Bad Harzburg: Verlag für Wissenschaft, Wirtschaft und Technik.

House, R. J. & Mitchell, R. R. (1974): Path-goal theory of leadership. In: *Journal of Contemporary Business,* 3, S. 81–97.

House, R. J. (1971): A path-goal theory of leader effectiveness. In: *Administrative Science Quarterly,* 16, S. 321–328.

House, R. J. & Mitchell, R.R. (1974): Path-goal theory of leadership. In: *Journal of Contemporary Business,* 3, S. 81–97.

Lord, R. G., DeVader, C. L. & Alliger, G. M. (1986): A meta-analysis of the relation between personality traits and leadership perceptions: An application of validity generalization procedures. In: *Journal of Applied Psychology,* 71, S. 402–410.

Lührmann, T. (2004): »Leadership is like catching a cold«. Zur (sozialen) Konstruktion von Führung. In: *Organisationsberatung Supervision Coaching,* 1, S. 79–93.

Mann, R. D. (1959): A review of the relationship between personality and performance in small groups. In: *Psychological Bulletin,* 56, S. 241–270.

McGovern, G., Simmons, D. & Gaken, D. (2008): *Leadership and service: An introduction.* Dubuque, IA: Kendall Hunt Publishing Company.

Mumford, M. D., Zaccaro, S. J., Connelly, M. S. & Marks, M. A. (2000): Leadership skills: Conclusions and future directions. In: *The Leadership Quaterly,* 11, S. 155–170.

Neuberger, O. (2002): *Führen und führen lassen.* Stuttgart: UTB.

Northouse, P. G. (2007): *Leadership: Theory and practice.* Thousand Oaks, CA: Sage.

Sohm, S. (2007): *Zeitgemäße Führung. Ansätze und Modelle.* Eine Studie der klassischen und neueren Management-Literatur. Gütersloh: Bertelsmann Stiftung.

Stogdill, R. M. (1948): Personal factors associated with leadership: A survey of the literature. In: *Journal of Psychology,* 25, S. 35–71.

Stogdill, R. M. (1974): *Handbook of leadership. A survey of theory and research.* New York: Free Press.

Wegge, J. & von Rosenstiel, L. (2004): Führung. In: Schuler, H. (Hrsg.): *Lehrbuch Organisationspsychologie.* Bern: Verlag Hans Huber.

Wofford, J. C. & Liska, L. Z. (1993): Path-goal theories of leadership: A meta-analysis. In: *Journal of Management,* 19, S. 858–876.

Wunderer, R. (2007): *Führung und Zusammenarbeit.* Eine unternehmerische Führungslehre. Köln: Luchterhand.

Yukl, G. (2010): *Leadership in Organizations.* Seventh Edition. Boston: Pearson.

Zaccaro, S. J., Kemp, C. & Bader, P. (2004): Leader traits and attributes. In: Antonakis, J., Cianciolo, A. & Sternberg, R. (Hrsg.): *The nature of leadership.* Thousand Oaks: Sage Publications.

Teil 2 Systemische Führung

Maria Stippler

1 Einleitung

Parallel zu den Entwicklungen in den USA (Führungsstilforschung, siehe Teil 1) wurden im deutschsprachigen Raum Führungstheorien entwickelt, die sich nicht mehr nur auf die Führungskraft und ihr Verhalten beziehen, sondern versuchen, die Organisation als Ganzes, als System zu erfassen.

Den ersten Schritt in diese Richtung stellen die systemischen Führungstheorien dar. Allen beschriebenen systemischen Ansätzen zu Führung ist gemeinsam, dass sie die Organisation als soziales System betrachten, das sich durch Selbstorganisation (Autopoiese) selbst reguliert und nicht von außen direkt steuerbar ist. Bereits an der Anzahl der verschiedenen systemischen Ansätze, die seit den 60er Jahren im deutschen Sprachraum entwickelt wurden, wird deutlich, dass diesen hierzulande ein besonderer Stellenwert zukommt.

Eine weitere Führungstheorie, die alle Mitarbeiter einer Organisation einschließt, ist das sogenannte Mitunternehmertum, ein ebenfalls im deutschsprachigen Raum entwickelter Führungsansatz. Sein Ziel ist es, die Eigeninitiative und die Eigenverantwortung aller Mitarbeiter zu fördern, damit diese in ihrem Handeln aktiv die Unternehmensstrategie unterstützen.

2 Systemische Führungstheorien

In den systemischen Ansätzen wird der Undurchschaubarkeit und der Unberechenbarkeit von Organisationen Rechnung getragen. Organisationen werden nicht länger als triviale Maschinen angesehen; Führung bedeutet dementsprechend, steuerbaren Einfluss auf nicht steuerbare Systeme auszuüben, indem entsprechende Rahmenbedingungen geschaffen werden und auf die Eigendynamik vertraut wird. Die systemischen Ansätze unterscheiden sich somit grundlegend von den klassischen Managementkonzepten, in denen postuliert wird, dass Führungskräfte das Geschehen in Organisationen zielgerichtet und aktiv steuern (vgl. Steinkellner 2005).

Die Grundlage der systemischen Ansätze, die vor allem im deutschen Sprachraum entwickelt wurden, bildet die Systemtheorie nach Niklas Luhmann, deren Grundzüge zum besseren Verständnis der systemischen Führungsansätze kurz dargestellt werden. Den Kern der Systemtheorie bilden die folgenden drei Leitdifferenzen, die als Entwicklungsphasen der Theorie zu verstehen sind (vgl. Neuberger 2002):

1. Die *Leitdifferenz »Teil – Ganzes«:* Jedes System wird als Ganzes gesehen, seine Elemente sind auf charakteristische Weise miteinander vernetzt und verbunden. Das Ganze ist damit mehr als die Summe seiner Teile. Es gibt Eigenschaften des Systems, die auch durch Kenntnis der einzelnen Elemente nicht vorhersehbar sind.
2. Die *Leitdifferenz »System – Umwelt«:* Jedes System wird als Wirklichkeitsbereich eigener Organisation und Struktur von seiner Umwelt abgegrenzt, es besteht aber eine Anpassungs- und Austauschbeziehung mit dieser Umwelt.
3. Die *Leitdifferenz »Identität – Differenz«:* Geschlossene Systeme heben sich durch Grenzziehung von ihrer Umwelt ab, durch die Grenzziehung wird Identität konstituiert. Diese Systeme sind nicht direktiv von außen steuerbar, Inputs jeglicher Art werden nach der eigenen Gesetzmäßigkeit des Systems (Selbstorganisation bzw. »Autopoiese«) verarbeitet.

Ausgehend von diesem Grundgedanken haben sich vier verschiedene Schulen herausgebildet: Der älteste Ansatz, der in St. Gallen entwickelt wurde, fokussiert, zumindest in seiner ursprünglichen Fassung, sehr stark auf die Führungskraft als Lenkungselement und beschreibt Möglichkeiten der technokratischen Systemsteuerung von oben. Auch Fredmund Malik, ein »jüngerer« Vertreter der St. Galler Schule, beschreibt klare, erlernbare Grundsätze, Aufgaben und Werkzeuge, die zur Wirksamkeit der Führung beitragen, betont aber auch die »Verantwortung«.

Der Wittener Ansatz beschreibt stärker die eingeschränkte Möglichkeit der Führung in sozialen Systemen, die vor allem im Schaffen sozialer Situationen besteht. Die Förderung der Selbstreflexion der Führungskraft sowie des Systems ersetzt Ratschläge wirksamer Führung.

Der Münchner Ansatz vermeidet jede Außenbetrachtung der Organisation als »ganzes System«. Im Zentrum steht die Interaktion zwischen den Mitgliedern des Systems, die Übertragbarkeit in die Praxis wird als schwierig eingeschätzt.

Das Hauptaugenmerk des Wiener Ansatzes liegt auf der Kommunikation (also nicht auf Personen). Steuerungsversuche sind möglich durch Beobachten, Konstruieren und das Herantragen von Diskrepanzen an die Organisation. Auch bei diesem Ansatz findet sich keine Zusammenstellung von Interventionstechniken, er zeigt jedoch Tipps zur Beziehungsgestaltung auf.

Daniel F. Pinnow unterscheidet sich von den anderen systemischen Ansätzen insofern, als er wenig auf das Prinzip der Autopoiese eingeht. Er fokussiert stärker auf die Person der Führungskraft. Außerdem vereint er, als zeitlich »jüngster« Vertreter, die Elemente der systemischen Ansätze mit anderen Einflüssen wie z. B. der Forderung nach Authentizität.

St. Gallen – die Wiege des Systemansatzes in der Betriebswirtschaft

Bereits in den 60er Jahren wurde am Institut für Betriebswirtschaft an der Universität St. Gallen (HSG) unter der Leitung von Hans Ulrich – basierend auf Forschungsergebnissen zur Systemtheorie und Kybernetik – versucht, Organisationen als komplexe und dynamische soziale Systeme zu verstehen und sie in bzw. mit ihrer Umwelt zu betrachten. Das so entwickelte alternative Verständnis von Management bildete die erste Fassung des St. Galler Management-Modells. Bis heute gibt es zahlreiche weitere Entwicklungen dieses Grundmodells, sodass heute nicht mehr von einem einheitlichen St. Galler Modell ausgegangen werden kann (vgl. Bardmann & Groth 2001a; Hilse 2001). Im Folgenden wird zuerst das ursprüngliche Modell von Hans Ulrich und Walter Krieg dargestellt, anschließend werden wichtige Weiterentwicklungen und ihre Vertreter angeführt.

Das ursprüngliche St. Galler Modell stellt ein Orientierungsraster dar, das auf die konkreten Anforderungen aller Arten von Organisationen, Unternehmen und Institutionen übertragen werden kann. Management muss sich nach diesem Modell sämtlichen Aspekten einer Organisation widmen. Im Zentrum des St. Galler Management-Modells und der Weiterentwicklungen des Ursprungsmodells steht daher die Führungskraft als Handlungsträger im Kontext komplexer Systeme.

Das St. Galler Management-Modell

Das erste St. Galler Management-Modell setzt sich aus drei Teilen zusammen: dem Unternehmensmodell, dem Führungsmodell und dem Organisationsmodell. Das Unternehmen wird als gegliederte Ganzheit angesehen. Jeder Chef soll sich als Lenkungselement in einem größeren Ganzen betrachten und die Vorstellungen des Gesamt-Management-Modells auf seinen eigenen Führungsbereich übertragen können.

Das Unternehmensmodell bildet durch Beschreibung und Analyse des Unternehmens und die Erfassung der Aufgaben der Führungskräfte die Grundlage für das Führungsmodell. Das Führungsmodell dient der Analyse und Beschreibung der Führungsprozesse im Unternehmen. Führung wird als informationsverarbeitendes Lenkungssystem verstanden und umfasst drei Führungsstufen: die Unternehmenspolitik (oberste Ebene, Zielvorstellungen, Verhaltensnormen), die Unternehmensplanung (mittlere Ebene, unternehmenspolitische Entscheidungen werden in Maßnahmen und Budgets übersetzt) und die Disposition (unterste Führungsstufe, für das Handeln unmittelbar notwendige Entscheidungen). Gleichzeitig gibt es drei Führungsphasen (Ziele, Mittel und Verfahren) und drei Führungsfunktionen (Entscheiden, In-

Abbildung 7: Führungswürfel

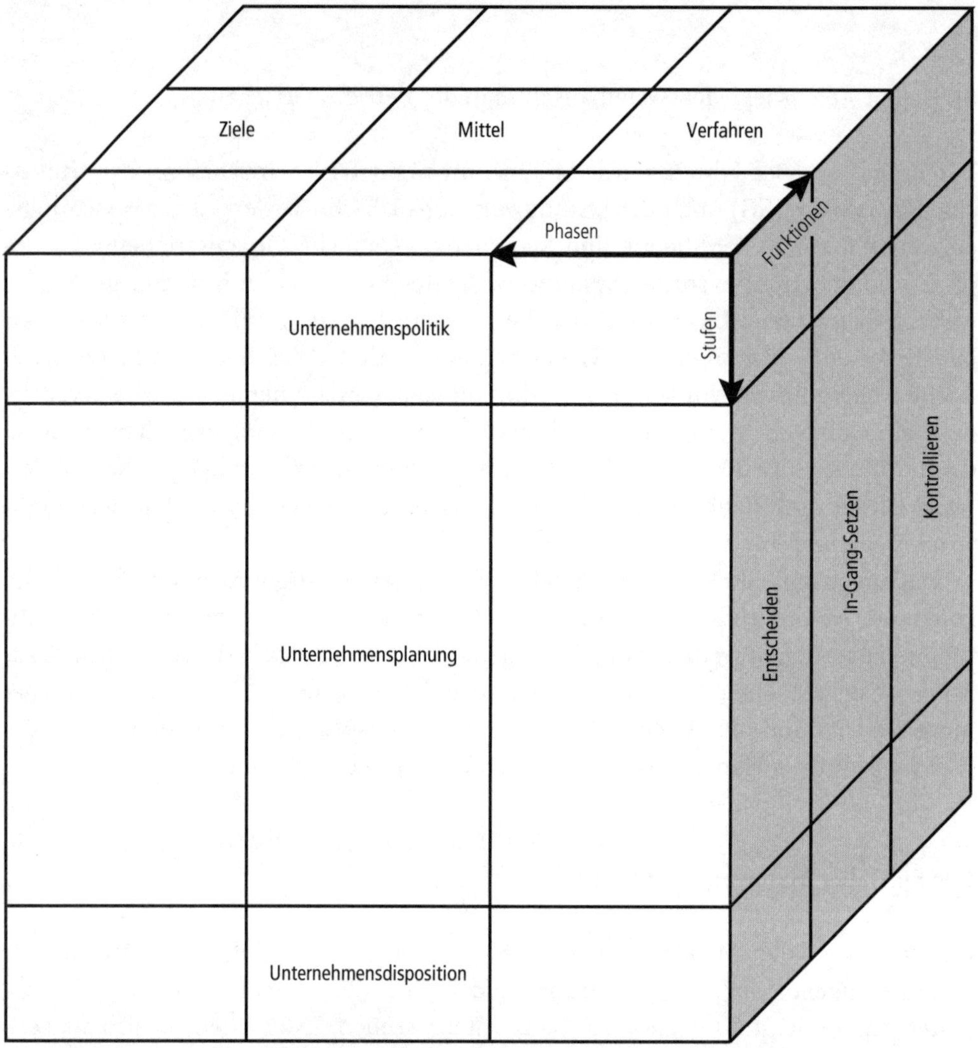

Quelle: Eigene Darstellung nach Ulrich & Sidler (1977)

Gang-Setzen und Kontrollieren). Dieses Führungsmodell ist im sogenannten Führungswürfel in Abbildung 7 dargestellt.

Das Organisationsmodell beschreibt den Aufbau der Unternehmung als reales System und ist damit unternehmensspezifisch.

Die Analyse dieser drei Modelle, also des Unternehmensmodells, des Führungsmodells und des Organisationsmodells, führt schließlich zur Erfassung und zum Verständnis der Managementaufgaben der einzelnen Führungskraft. Auf dieser Grundlage kann nun die Methodik für die Führungskraft entwickelt werden. Dazu zählen die Entscheidungsmethodik (Problemerfassung, Problembearbeitung, Entschlussfassung), die Systemmethodik (Systemanalyse) und die Methodik der Mitarbeiterführung (das unmittelbare Verhalten der Führungskraft gegenüber den Geführten) (vgl. Ulrich & Krieg 1974; Ulrich & Sidler 1977).

Dieser Ansatz zeigt das grundsätzliche Dilemma systemischer Ansätze von Führung auf: Wie kann Führung in einer Organisation, die sich als geschlossenes, sich selbst organisierendes System versteht, überhaupt vorstellbar, machbar und lehrbar sein? Im St. Galler Management-Modell scheint dieses Paradoxon durch die technokratische Systemsteuerung, durch Entscheidungsmethodik, Systemmethodik und Methodik der Mitarbeiterführung überbrückt zu werden. Das Unternehmen wird unter dem Leitbild der Ganzheitlichkeit von oben rationalisiert und harmonisiert (vgl. Steinkellner 2005; Hilse 2001).

Das St. Galler Managementkonzept

Unter der Leitung von Knut Bleicher wurden die von Ulrich hervorgehobenen Management-Ebenen (normativ, strategisch, operativ als vertikale Ebene) mit den drei Integrationsebenen Strukturen, Aktivitäten und Verhalten des Unternehmens (als horizontale Ebene) zu einem mehrdimensionalen Raster verknüpft. Daraus ergeben sich neun Module, die unterschiedlich ausdifferenziert werden können (siehe Abbildung 8). Mit diesen Modulen kann das Unternehmensprofil in Abhängigkeit der

Abbildung 8: St. Galler Managementkonzept

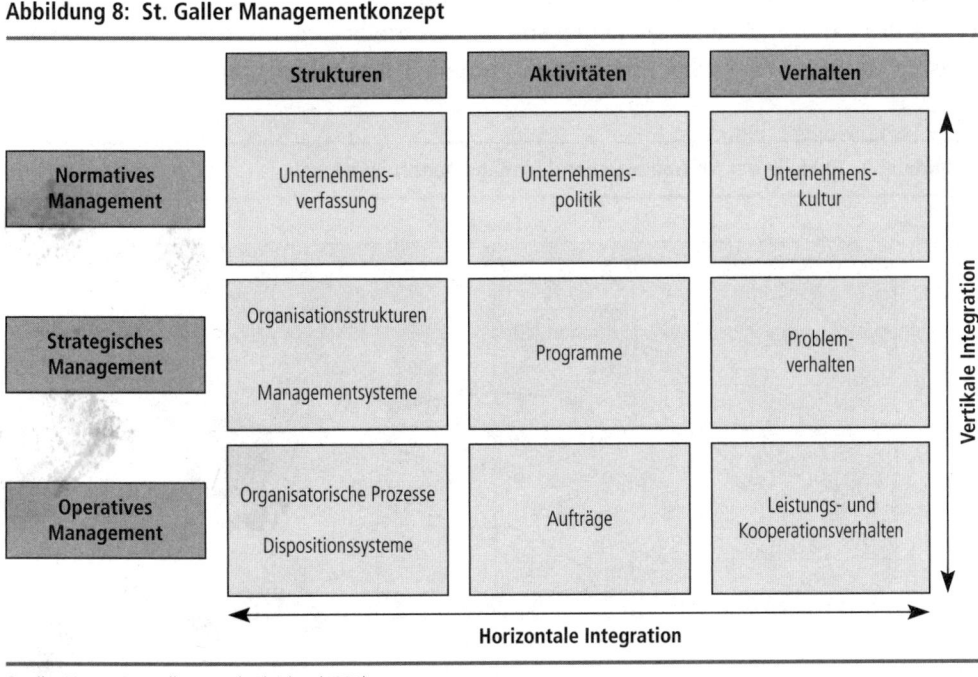

Quelle: Eigene Darstellung nach Bleicher (1991)

jeweiligen Lebensphase bestimmt werden. Durch den Vergleich von Soll und Ist lassen sich in diesem Modell Empfehlungen für Verbesserungen in den einzelnen Modulen und Ebenen geben. Dieses Modell fand allerdings in der Praxis wenig Anklang (vgl. Bardmann & Groth 2001a).

Der St. Galler General Management Navigator (GMN)

Der St. Galler General Management Navigator (GMN) stellt eine Weiterentwicklung des St. Galler Managementkonzepts dar. Das Prozesshafte wird in den Vordergrund gerückt. Während die früheren Modelle vor allem konzeptionell ausgerichtet waren, findet nun eine stärkere Empirieorientierung statt. Der GMN strukturiert das strategische Management in »vier plus eins« modulartige Arbeitsfelder: Initiierung, Positionierung, Wertschöpfung, Veränderung plus Performance-Messung (siehe Abbildung 9). Damit wird zum einen die Dramaturgie einer Veränderung der Organisation als wesentliches Element in das Modell einbezogen. Außerdem spielt die Frage der Performance-Messung hinsichtlich der Reorganisation eine wichtige Rolle. Aus dem daraus resultierenden Modell des Unternehmens kann man gewisse Handlungsweisungen für Führungskräfte in Veränderungsprozessen ableiten. Der GMN weist eine rekursive Grundlogik auf und ist daher weitgehend universal und in verschiedenen Ebenen einsetzbar. Das Modell fokussiert auf strategische Initiativen und ihren Einfluss auf organisatorische Basisprozesse (vgl. Müller-Stewens & Lechner 2003; Bardmann & Groth 2001).

Peter Gomez trug ein weiteres bedeutendes Element zur St. Galler Schule bei – die Praxis des ganzheitlichen Problemlösens. Er beschreibt Organisation als »Ordnungsmuster, das dem Fluss der Ereignisse in einem Unternehmen einen Sinn verleiht«

Abbildung 9: Modelle des St. Galler General Management Navigators

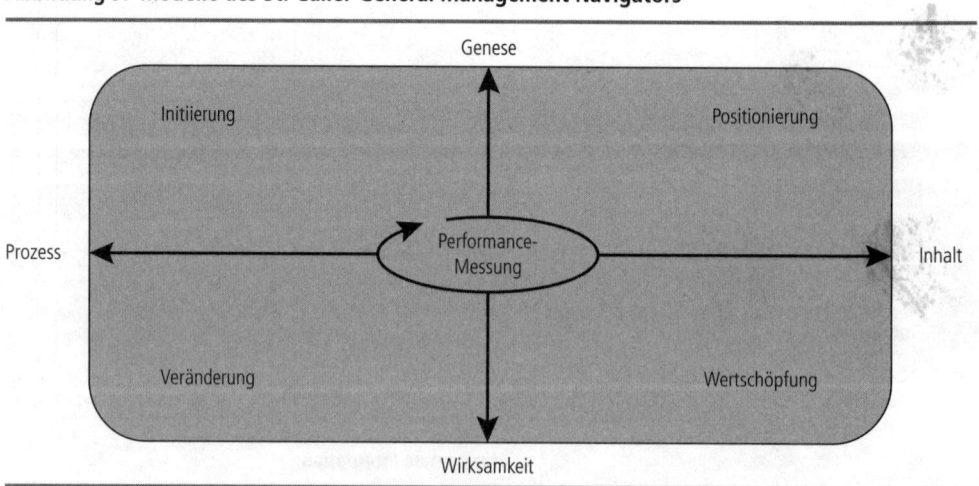

Quelle: Eigene Darstellung nach Müller-Stewens & Lechner (2003)

(Bardmann & Groth 2001a: 301). Dementsprechend arbeitet er in seiner Tätigkeit als Berater mit der Methodik des Vernetzens und der Darstellung der Einflussfaktoren auf ein Unternehmen in Schaubildern, um eine Landkarte komplexer Probleme des Unternehmens zu zeichnen. Das Wesentliche dabei ist nicht eine möglichst wirklichkeitsgetreue Abbildung des Unternehmens, sondern der Diskussionsprozess zur Netzwerkerstellung (vgl. Bardmann & Groth 2001a; Steinkellner 2005).

Einen weiteren Aspekt zur St. Galler Schule bringt *Gilbert Probst* ein. Er versteht Selbstorganisation nicht als Organisationsform, sondern als grundlegende Eigenschaft eines sozialen Systems. Die Organisationswirklichkeit wird von den Akteuren, die als Beobachter fungieren, durch Interpretation und Kommunikation konstruiert. Entwicklung kann daher nur von innen heraus, durch die dem System eigene Dynamik geschehen.

Fredmund Malik (Malik Management Zentrum St. Gallen) verfolgt einen besonders praxisorientierten Ansatz, der auf das Wesentliche reduziert und klar strukturiert ist. Sein Ansatz gründet sich auf den St. Galler Managementansatz sowie auf die Arbeiten des Kybernetikers *Stafford Beer*. Malik (2006) stellt sich gegen die Idee der idealen Führungskraft als Universalgenie, er beschreibt vielmehr wirksame Führungskräfte. Nach Malik kann man Führen wie ein Handwerk erlernen. Charisma und Visionen seien nicht notwendig, sondern Professionalität, Sachverstand und Erfahrung. Eine solide Ausbildung zur Führungskraft muss dazu vor allem die drei Elemente »Grundsätze«, »Aufgaben« und »Werkzeuge« beinhalten. Diese Elemente zeichnen wirksame Führungskräfte aus, die – so unterschiedlich sie als Personen auch sind – die folgenden Gemeinsamkeiten aufweisen: Sie lassen sich von gewissen Grundsätzen leiten. Ihre Aufgaben erfüllen sie mithilfe bestimmter Werkzeuge, die sie mit Professionalität und Effektivität einsetzen. Diese Aufgaben und Werkzeuge werden in Abbildung 10, dem sogenannten Führungsrad, dargestellt.

Außerdem betont Malik die Verantwortung als Element wirksamer Führung, sie bildet den Kern des Führungsrads. Verantwortung wird in diesem Modell als die Bereitschaft, für das eigene Handeln einzustehen und persönliche Macht nicht zu missbrauchen, verstanden. Im Gegensatz zu den anderen Elementen wirksamer Führung kann Verantwortung nicht gelernt werden. Sie ist allerdings auch nicht angeboren, sondern – so Malik – eine Entscheidung.

Malik räumt allerdings auch ein, dass gewisse Eigenschaften Führung erleichtern und nicht erlernbar sind – wie Talent, Begabung, Glück und Erfahrung. Pinnow (2008) sieht darin eine unangemessene Vernachlässigung der Persönlichkeit der Führungskräfte und der Geführten mit all ihren Charaktereigenschaften, Gefühlen und Beziehungen.

Peter Steinkellner kritisiert in Anlehnung an Pfriem (2001), dass Maliks systemisch-evolutionärer Ansatz recht kompatibel mit dem Bild des »Managers von oben« sei, der die Komplexität beherrscht; die Grundidee der systemischen Ansätze, die Unberechenbarkeit und Undurchschaubarkeit von Organisationen, tritt für ihn damit wieder in den Hintergrund (vgl. Steinkellner 2005). Einen weiteren Kritikpunkt am St. Galler Ansatz sieht Dirk Baecker in Betonung der Verantwortung. Dies bezeichnet

Abbildung 10: Das Führungsrad

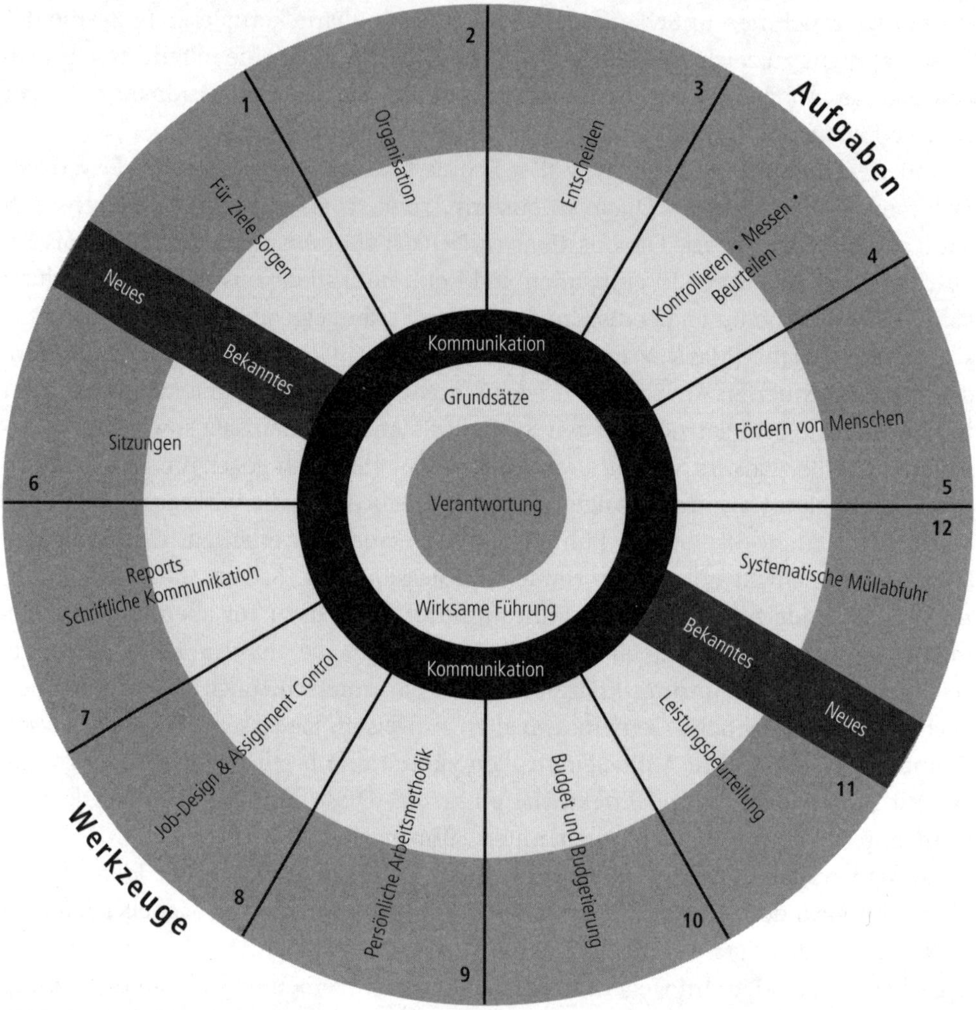

Quelle: Eigene Darstellung nach Malik (2006)

er als Kompensationsversuch – der verantwortliche Manager fühlt sich auch für das verantwortlich, was er ausgrenzt und ausblendet (vgl. Bardmann & Groth 2001a).

Der Wittener Ansatz

Der Wittener Ansatz geht – aufbauend auf *George Bateson* – davon aus, dass die erste Leistung eines Unternehmens darin besteht, sich von anderen Organisationen in der Umwelt zu unterscheiden und somit sich selbst in die Lage zu versetzen, auf fast alles bzw. auf extrem vieles nicht zu reagieren.

Als »Führen« bezeichnet *Rudolf Wimmer* »das gezielte Gestalten von sozialen Situationen innerhalb eines größeren, sinnstiftenden sozialen Ganzen« (Wimmer 1989a: 141 f.), um die Aufgabenerfüllung bzw. die Sinnrealisation eines Systems zu fördern. Da es sich bei Unternehmen um nichttriviale Systeme handelt, ist eine zirkuläre Denkweise dem linearen Denken in Ursache-Wirkungs-Zusammenhängen überlegen. Die Führungskraft muss sich als Teil des Systems verstehen. Die strikte Trennung von Führenden und Geführten ist stark vereinfachend, da jeder Steuerungsversuch als Resultat der Rückwirkungen vorangegangener Steuerungsversuche angesehen werden kann. Die Wirkung bestimmter Führungsmaßnahmen ist letztlich nicht erzwingbar und nicht kalkulierbar; durch das bewusste Registrieren der Rückkoppelungen kann jedoch eine angemessene Situationseinschätzung erarbeitet werden, die wiederum die Grundlage für zukünftige Maßnahmen darstellen kann.

Führung wird so zu einem iterativen, selbstreferenziellen Vorgang, der als zentrales Qualitätsmerkmal für die Selbststeuerungsfähigkeit des Systems anzusehen ist und nicht einer einzelnen Person zugeschrieben werden kann. Führung geschieht vielmehr im Zusammenspiel zwischen Führungskräften gleicher oder unterschiedlicher Ebenen und in Arbeitsteams. Daraus lässt sich ableiten, dass es keine Rezepte und Ratschläge wirksamer Führung geben kann, die sich situationsunabhängig umsetzen lassen. Vielmehr geht es darum, die Reflexionsfähigkeit eines Systems zu fördern (Wimmer 1989a; Wimmer 1989b; Wimmer 1996).

Das Hauptverdienst Rudolf Wimmers liegt, so Stephan Kühl (2001), in der Öffnung der systemischen Organisationsberatung für die Systemtheorie Luhmanns. Wimmer betont die Eigenwilligkeit von Organisationen, die es auch fast unmöglich macht, Organisationen zu beraten. Er beschreibt jedoch nicht nur Paradoxien und Fallen, mit denen Berater in Organisationen konfrontiert sind, sondern auch Strategien und Tipps der systemischen Beratung. Das Spannungsfeld zwischen der Eigenwilligkeit von Organisationen, der Autopoiese und der Absicht zu beraten kann die systemische Organisationsberatung, so Kühl, allerdings auch nur bedingt überbrücken (vgl. Bardmann & Groth 2001a).

Dirk Baecker versteht Organisationen als nichttriviale, unzuverlässige Systeme, die sich von einem Moment zum nächsten durch kommunizierte Entscheidungen (re-)konstituieren mit dem Ziel, das eigene Überleben zu sichern. Das Management wird dadurch zum »postheroischen Management«, seine Aufgaben liegen in der »Kultivierung von Handlungsmöglichkeiten«, im Ermöglichen von Handlungen durch das Blockieren von Handlungen, im Schaffen von Kooperationsmöglichkeiten und in der Erzeugung von Ambivalenzen. Als wichtigste Maßnahme eines Managers beschreibt Baecker das Schaffen von Abteilungen, die einerseits bestimmte Menschen zusammenhalten und andererseits bestimmte Menschen voneinander fernhalten. Das Vorgeben von Inhalten hingegen sei möglichst gering zu halten. Zusätzlich operiert der Manager noch auf der temporalen Dimension, er zeigt das Zukunftsproblem auf, d.h., er weist auf die mit der Zukunft verbundenen Ungewissheit hin und führt somit Unsicherheit wieder in die Organisation ein (vgl. Baecker 1995; Bardmann & Groth 2001a).

Der Münchner Management-Ansatz

Die dritte Schule, der Münchner Management-Ansatz, wurde von *Werner Kirsch* und *Dodo zu Knyphausen-Aufsess* begründet und basiert ebenfalls auf der Annahme, dass Organisationen zu komplex sind, als dass sie durch Management steuerbar sind. Diese Komplexität wird als Folge eines Interessenspluralismus gesehen. Der Ansatz verweist ähnlich wie der St. Galler Ansatz auf ein komplementäres Verhältnis zwischen Selbst- und Fremdorganisation; eine ganzheitliche Systemkonzeption wird jedoch abgelehnt, jede Außenbetrachtung einer Organisation als »ganzes System« vermieden. Kirsch und zu Knyphausen-Aufsess werfen die Frage auf, inwieweit die Binnenwahrnehmung und Selbstbeobachtung der Organisation mit dem Konzept der Autopoiese in Einklang gebracht werden kann, und beschreiben drei Eskalationsstufen der Autonomie sozialer Systeme: Selbstbeobachtung, Selbstkonstitution und Autopoiese. Darauf aufbauend werden Organisationen als evolutionsfähige Systeme betrachtet, die durch eine Abfolge von Sinnmodellen (organisationsspezifische Selbstbeschreibungen) charakterisiert werden können. Der Ansatz basiert neben der Systemtheorie auf dem sprachtheoretischen Zugang von Lyotard und der Theorie des kommunikativen Handelns nach Habermas. Die Organisationsmitglieder versuchen ihre individuellen Ziele und Handlungen auf der Grundlage gemeinsamer Systemdefinitionen aufeinander abzustimmen. Die dadurch entstehende Interaktion der einzelnen Mitglieder wird als Prozess der Selbstorganisation angesehen.

Die Übertragbarkeit des Münchner Ansatzes wird als schwierig angesehen, da Organisationen häufig auf Maßnahmen beruhen, die das verständnisorientierte Handeln einschränken (vgl. zu Knyphausen-Aufsess 1988; zu Knyphausen-Aufsess 1995; Steinkellner 2005).

Der Wiener Managementansatz

Der Wiener Managementansatz wurde von *Helmut Kasper, Wolfgang Mayrhofer* und *Michael Meyer* an der Wirtschaftsuniversität Wien entwickelt. Ebenso wie in den anderen systemischen Ansätzen, werden auch bei diesem Ansatz Organisationen als geschlossene soziale Systeme betrachtet, die dem Gesetz der Autopoiese unterliegen. Das Basiselement der Organisation ist die Kommunikation, die nicht Reaktion auf Ereignisse von außen, sondern Reaktion auf Kommunikation ist. Die Idee eines Lenkers von außen ist damit nicht vereinbar, Bedingungen für die Steuerung des Systems liegen notwendigerweise im System selbst. Kasper, Mayrhofer und Meyer räumen allerdings ein, dass ein Manager »von außen« versuchen kann, die »innere« Kommunikation im Sinne des Herbeiredens erwünschter Wirklichkeit zu beeinflussen. Ob derartige Steuerungsversuche gelingen, entscheidet letztlich die Organisation selbst durch die Selbststeuerung. Im Zentrum dieses Modells stehen nicht Personen (wie beispielsweise im St. Galler Management-Modell), sondern die Beziehungen, Re-

Abbildung 11: Entscheidungsprämissen in Organisationen

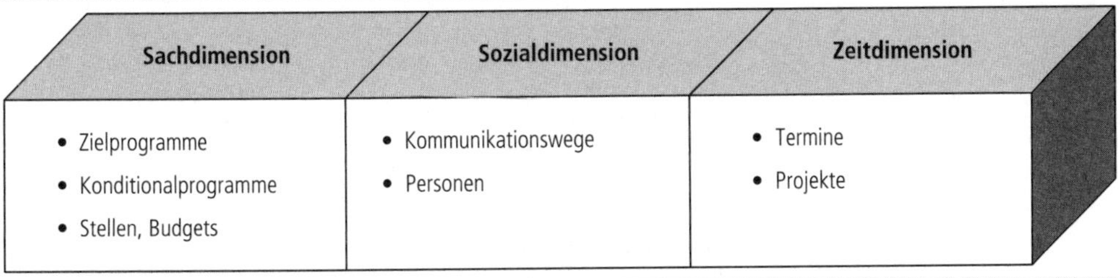

Sachdimension	Sozialdimension	Zeitdimension
• Zielprogramme	• Kommunikationswege	• Termine
• Konditionalprogramme	• Personen	• Projekte
• Stellen, Budgets		

Quelle: Eigene Darstellung nach Kasper et al. (1999)

lationen und Zusammenhänge zwischen den Kommunikationen. Managen heißt in diesem Ansatz beobachten, konstruieren und intervenieren. Zum einen muss der Manager die Strukturen beobachten, die bestimmen, was im sozialen System zulässig ist und was nicht, um die begrenzten Einflussmöglichkeiten aufrechtzuerhalten. Zum anderen umfasst Management das Entscheiden über Entscheidungsprämissen, die drei Dimensionen betreffen: die Sachdimension, die Sozialdimension und die Zeitdimension. Die Sachdimension zeigt auf, welche Themen wie entschieden werden. Die Sozialdimension beschreibt, wer mit wem Entscheidungen trifft. Die Zeitdimension gibt Auskunft darüber, wann entschieden wird. Diese Dimensionen werden in Abbildung 11 dargestellt.

Der Manager konstruiert so die Wirklichkeit der Organisation mit. Da eine direkte Steuerung der Organisation nicht möglich ist, kann er nur Steuerungsversuche unternehmen, indem er die Organisation mittels Intervention zur Eigenaktivität durch das Herantragen dosierter Diskrepanzen anregt. Daher können auch keine allgemeingültigen Interventionstechniken zusammengestellt und angeführt werden. Kasper, Mayrhofer und Meyer geben aber Hinweise, wie die Beziehung zwischen Führungskraft und Geführten ausgestaltet werden sollte: Im Vordergrund stehen dabei die Anerkennung der Eigenlogik des Anderen, die Einrichtung von Verhandlungssystemen, die Absicht des Verstehens des Anderen sowie die Absicht, Widersprüche als Quelle des Lernens und der Entwicklung aufzufassen (vgl. Kasper et al. 1999; Steinkellner 2005).

Daniel F. Pinnow

»Systemisch zu führen bedeutet, individuell zu führen, einen eigenen flexiblen Stil zu haben und diesen den Gegebenheiten, der Organisation und den Menschen, die man führt, jederzeit anpassen zu können, statt nur schematisch mit standardisierten Tools zu arbeiten« (Pinnow 2008: 160). Daniel F. Pinnow (Akademie für Führungskräfte der Wirtschaft, Bad Harzburg) verfolgt wie auch Malik einen sehr praxisorientierten Ansatz, der klare Hinweise darauf gibt, wie eine Führungskraft im Sinne die-

Abbildung 12: Eisbergmodell

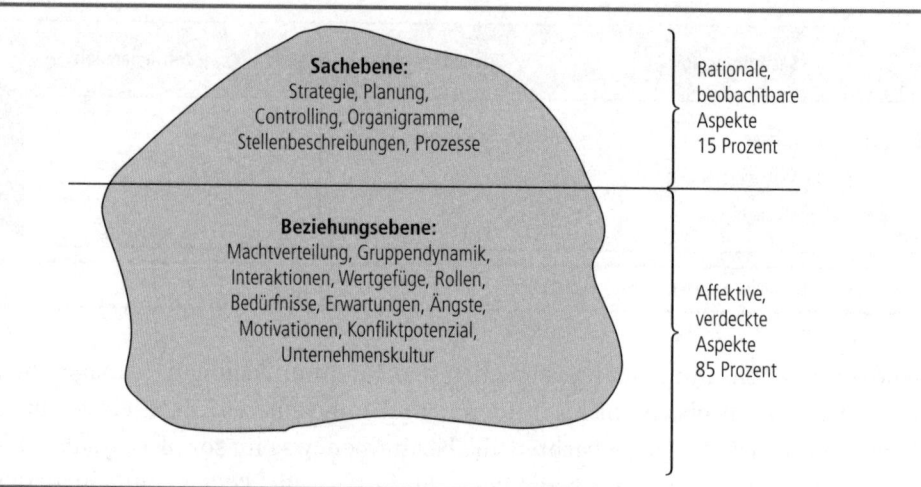

Quelle: Eigene Darstellung nach Pinnow (2008)

ses systemischen Ansatzes effektiv führen kann. Systemische Führung soll das Ganze sehen, d.h., neben den rationalen, beobachtbaren Aspekten (beispielsweise Organigramme, Stellenbeschreibungen, Strategien etc.) auch die affektiven, verdeckten Aspekte (wie beispielsweise Machtverteilung, Gruppendynamik, Wertgefüge, Ängste etc.) berücksichtigen. Pinnow beschreibt dieses Verhältnis zwischen beobachtbaren und verdeckten Aspekten als Eisberg. Dieser ist in Abbildung 12 grafisch dargestellt.

Die drei Dimensionen sachliche Beziehungen, soziale Verknüpfungen und zeitliche Beziehungen bieten der Führungskraft als Teil des Systems Ansatzpunkte zur indirekten Steuerung von innen (vgl. Wiener Managementansatz).

Im Zentrum »guter Führung« steht das »Managen von Beziehungen« im Spannungsfeld der drei Eckpunkte »Persönlichkeit der Führungskraft«, »Mitarbeiter« und »Organisation«. Pinnow nennt gewisse Bedingungen bzw. Bestandteile gelingender Führung. Dazu zählen: Selbsterkenntnis, Authentizität, Kommunikation (auf allen Ebenen, dialogische Führung, aktives Zuhören etc.), Delegieren bzw. Freiräume schaffen, das Aushalten von Gegensätzen, Veränderungsmanagement, Sinnstiftung, Machtbalance, Orientierung geben, Entscheidungen treffen, begeistern, lieben. Wirksame und beziehungsorientierte Führung ist für Pinnow daher auch mehr als eine Zusammenstellung von Werkzeugen, Grundsätzen und Regeln oder ein Führungsstil – es ist ein Lebensstil. Pinnow betont daher im Gegensatz zu Malik auch, dass Führen kein Handwerk, sondern eine Kunst ist, die durch die Vielfältigkeit der Organisationen mit ihren Rahmenbedingungen und Situationen nur bedingt – und nur wenn man die nötigen Eigenschaften und Fähigkeiten mitbringt – erlernbar ist (vgl. Pinnow 2008).

3 Mitunternehmertum

Das Mitunternehmertum stellt neben den beschriebenen Modellen zur systemischen Führung einen weiteren in Deutschland entwickelten Ansatz dar. Seine Ursprünge liegen, so Gaugler (1999), bereits im 19. Jahrhundert bei Johann Heinrich von Thünen. Nach dem Zweiten Weltkrieg wurde es als besondere Ausprägung der partnerschaftlichen Unternehmensführung angesehen und vor allem durch die Überwindung der Klassenkampf-Ideologie und der Verankerung der Menschenwürde in der Betriebsverfassung bestimmt. Die neueren Konzepte des Mitunternehmertums, deren Hauptvertreter sicherlich Rolf Wunderer ist, der emeritierte Leiter und Gründer des Instituts für Führung und Personalmanagement an der Universität St. Gallen, fokussieren stärker auf das Verhalten der Mitarbeiter und sind auf die Existenzsicherung des Unternehmens und die Stärkung seiner Wettbewerbsfähigkeit ausgerichtet (vgl. Gaugler 1999).

Als Mitunternehmertum definiert Wunderer »die aktive und effiziente Unterstützung der Unternehmensstrategie durch problemlösendes, sozialkompetentes und umsetzendes Denken und Handeln einer möglichst großen Anzahl von Mitarbeitern aller Hierarchie- und Funktionsbereiche mit hoher Eigeninitiative und -verantwortung in/mit dafür fördernden Strukturen und Personen« (Wunderer 2007: 51). Die Förderung des Mitunternehmertums im Unternehmen umfasst mehrere Bereiche, darunter das mitunternehmerische Führungskonzept, das die strukturelle und die interaktive Dimension umfasst. Die strukturell-systemische Gestaltung beinhaltet vier Ansatzpunkte indirekter Führung: die mitunternehmerische Kultur, Strategie, Organisation und die Förderung einer qualitativen Personalstruktur. Gleichzeitig sind die vier Ebenen Gesellschaft, Unternehmen, Organisationseinheit und Person zu berücksichtigen und zu integrieren. Die Kultur hat meist einen wesentlichen Einfluss auf die drei anderen Aspekte. Das Ziel der Kulturgestaltung sollte die organisationsweite Etablierung und Förderung von Werthaltungen und Handlungsmustern sein. Die personal-interaktive Führung bezieht sich auf die ergänzende interaktive Beeinflussung und Koordination durch direkte Führung der Vorgesetzten. Dabei plädiert Wunderer für eine kooperativ-delegative Führung oder die Verbindung von kooperativ-transaktionaler mit einer werteverändernden (transformierenden) Führung.

Ergänzend zu diesem mitunternehmerischen Führungskonzept beschreibt Wunderer das mitunternehmerische Steuerungskonzept, das die Schaffung von strukturellen Voraussetzungen über ein führungspolitisches Governance-Konzept vorsieht (vgl. Wunderer 2007).

4 Zusammenfassung

In den systemischen Ansätzen ist nicht länger die Führungskraft allein verantwortlich für den Führungserfolg. Organisationen werden als soziale, nichttriviale Gefüge begriffen und die Eigendynamik (und damit die Unberechenbarkeit) dieser Systeme betont. Unterschiede zwischen den einzelnen Ansätzen zeigen sich vor allem hinsichtlich des Stellenwerts der Führungskraft bzw. der Möglichkeit der Führung. Betrachtet man sie in ihrer zeitlichen Abfolge, so zeigt sich, dass sie sich von einer stark technokratischen Orientierung (St. Gallen) über die Betonung der Selbstorganisation in unterschiedlichem Ausmaß und damit der Unmöglichkeit der gezielten Steuerung (Witten, München, Wien) hin zu einer wieder ausgeprägteren Personenorientierung (Pinnow) entwickelten. Obwohl bei »neueren Vertretern« wie Pinnow oder Malik die Führungskraft wieder an Einfluss gewinnt, zeichnen sich diese Ansätze doch vor allem durch ihre Ablehnung der Konzentration auf die Person des Führenden aus. Die Verantwortung liegt nicht mehr bei der Führungskraft allein, die Organisation wird zum undurchschaubaren, komplexen System, das sich selbst reguliert.

Der Ansatz des Mitunternehmertums verfolgt eine andere Richtung, die Eigenverantwortung und Eigeninitiative der Mitarbeiter sollen gefördert werden. Auch dies verteilt die Verantwortung im Unternehmen auf jeden Einzelnen, den Ausgangspunkt bildet aber die Führungskraft, die das Mitunternehmertum der Mitarbeiter bewusst fördern kann.

5 Ausblick

Im folgenden Teil 3 wird eine weitere Herangehensweise an das Führungsphänomen beschrieben: Führung wird zum Beziehungsphänomen. Die Führungskraft steht nicht länger allein oder einem Kollektiv gegenüber, wie in den in Kapitel 1 beschriebenen Ansätzen, und der Systemgedanke tritt in den Hintergrund. Die Geführten und die Beziehung zu ihnen werden zum zentralen Faktor im Führungsgeschehen, wie beispielsweise bei Servant Leadership oder dem Leader-Member-Exchange-Modell. Außerdem wird auf die Führung in Teams eingegangen. Einen weiteren Schwerpunkt in Teil 3 bilden die Transformationale Führung mit den Elementen »Charisma«, »Inspiration und Motivation«, »Intellektuelle Stimulation« und »Individualisierte Fürsorge« sowie die Weiterentwicklungen dieses Ansatzes. Abschließend werden Führungstheorien dargestellt werden, in denen Werten und ethischem Verhalten ein besonders hoher Stellenwert beigemessen wird.

6 Literatur

Baecker, D. (1995): Durch diesen schönen Fehler mit sich selbst bekannt gemacht. Das Experiment der Organisation. In: Heitger, B., Schmitz, C. & Gester, P.-W. (Hrsg.): *Managerie. 3. Jahrbuch Systemisches Denken und Handeln im Management.* Heidelberg: Carl Auer, S. 210–230.

Bardmann, T. M. & Groth, T. (2001a): Die Organisation der Organisation. Eine Einleitung. In: Bardmann, T. M. & Groth, T. (Hrsg.): *Zirkuläre Positionen 3. Organisation, Management und Beratung.* Wiesbaden: Westdeutscher Verlag, S. 7–20.

Bardmann, T. M. & Groth, T. (Hrsg.) (2001b): *Zirkuläre Positionen 3. Organisation, Management und Beratung.* Wiesbaden: Westdeutscher Verlag.

Bleicher, K. (1991): *Das Konzept integriertes Management.* Frankfurt am Main: Campus.

Gaugler, E. (1999): Mitarbeiter als Mitunternehmer – Die historischen Wurzeln eines Führungskonzepts und seine Gestaltungsperspektiven in der Gegenwart. In: Wunderer, R. (Hrsg.): *Mitarbeiter als Mitunternehmer. Grundlagen, Förderinstrumente, Praxisbeispiele.* Neuwied: Luchterhand, S. 3–21.

Hilse, H. (2001): Profil eines »Wandlers zwischen den Welten«. In: Bardmann, T. M. & Groth, T. (Hrsg.): *Zirkuläre Positionen 3. Organisation, Management und Beratung.* Wiesbaden: Westdeutscher Verlag, S. 191–196.

Kasper, H., Mayrhofer, W. & Meyer, M. (1999): Management aus systemtheoretischer Perspektive – eine Standortbestimmung. In: Eckardstein, D. von, Kasper, H. & Mayrhofer, W. (Hrsg.): *Management. Theorien – Führung – Veränderung.* Stuttgart: Schäffer-Poeschel.

Knyphausen-Aufsess, D. zu (1988): *Unternehmen als evolutionsfähige Systeme. Überlegungen zu einem evolutionären Konzept für die Organisationstheorie.* München: Barbara Kirsch.

Knyphausen-Aufsess, D. zu (1995): *Theorie der strategischen Unternehmensführung. State of the Art und neue Perspektiven.* Wiesbaden: Gabler.

Kühl, S. (2001): Systemische Organisationsberatung – beobachtet. In: Bardmann, T. M. & Groth, T. (Hrsg.): *Zirkuläre Positionen 3. Organisation, Management und Beratung.* Wiesbaden: Westdeutscher Verlag, S. 221–226.

Malik, F. (2006): *Führen. Leisten. Leben.* Wirksames Management für eine neue Zeit. Frankfurt am Main: Campus.

Müller-Stewens, G. & Lechner, C. (2003): *Strategisches Management. Wie strategische Initiativen zum Wandel führen. Der St. Galler General Management Navigator.* Stuttgart: Schäffer-Poeschel.

Neuberger, O. (2002): *Führen und führen lassen.* Stuttgart: UTB.

Pfriem, R. (2001): Natürlich? Nach welcher Natur? Ganzheitlich? Lieber: Nein danke! In: Bardmann, T. M. & Groth, T. (Hrsg.): *Zirkuläre Positionen 3. Organisation, Management und Beratung.* Wiesbaden: Westdeutscher Verlag, S. 333–336.

Pinnow, D. F. (2008): *Führen. Worauf es wirklich ankommt.* Wiesbaden: Gabler.

Steinkellner, P. (2005): *Systemische Intervention in der Mitarbeiterführung.* Heidelberg: Carl Auer.

Ulrich, H. & Krieg, W. (1974): *St. Galler Management-Modell.* Bern: Paul Haupt.

Ulrich, H. & Sidler, F. (1977): *Ein Management-Modell für die öffentliche Hand.* Bern: Paul Haupt.

Wimmer, R. (1989a): Die Steuerung komplexer Organisationen. Ein Reformulierungsversuch der Führungsproblematik aus systemischer Sicht. In: Sandner, K. (Hrsg.): *Politische Prozesse in Unternehmen.* Berlin: Springer, S. 131–156.

Wimmer, R. (1989b): Ist Führen erlernbar? Oder warum investieren Unternehmungen in die Entwicklung ihrer Führungskräfte? In: *Gruppendynamik,* 20 (1), S. 13–41.

Wimmer, R. (1996): Die Zukunft von Führung. In: *OrganisationsEntwicklung,* 4, S. 46–57.

Wunderer, R. (2007): *Führung und Zusammenarbeit. Eine unternehmerische Führungslehre.* Köln: Luchterhand.

Teil 3 Führung als Beziehungsphänomen, Transformationale Führung, Werte und Ethik

Maria Stippler, Seth Rosenthal, Sadie Moore

1 Einleitung

In den im ersten Kapitel beschriebenen Ansätzen stand vor allem die Person des Führenden und das Verhalten der Führungskraft im Zentrum der Betrachtung. Die Geführten wurden dabei als Gruppe, als Kollektiv behandelt, das nur als Situationsvariable Eingang in die Theorienbildung fand. Im zweiten Kapitel standen die systemischen Theorien, die zur selben Zeit im deutschen Sprachraum entwickelt wurden, im Vordergrund. Den Kern dieser Ansätze bildet die Annahme, dass Organisationen komplexe Systeme sind, eine Konzentrierung auf die Führungskraft reicht daher nicht aus.

Auch bei den in diesem Kapitel beschriebenen Theorien wird versucht, der Komplexität des Führungsgeschehens Rechnung zu tragen. Der Blickwinkel verändert sich wiederum: Die Interaktionen zwischen dem Führenden und den Geführten rücken ins Zentrum der Aufmerksamkeit. Führung wird als komplexer Prozess angesehen, der in die Beziehung und Interaktionen zwischen Führendem und Geführten eingebettet ist (vgl. Northouse 2007; Bass 2008). Servant Leadership, die Leader-Member-Exchange-Theorie und verschiedene Ansätze zu Team Leadership werden dargestellt.

Im nächsten Entwicklungsschritt gewinnen ethische Überlegungen und soziale Veränderungen zunehmend an Bedeutung, wie sich in der Transformationalen Führungstheorie und ihren Weiterentwicklungen deutlich zeigt. Der letzte Abschnitt ist Führungsansätzen gewidmet, die Werte und Ethik ins Zentrum rücken.

2 Führung als Beziehungsphänomen

In den im Folgenden beschriebenen Führungstheorien wird die Interaktion zwischen dem Führenden und den Geführten im Führungsprozess betont, Führung wird als Beziehungsphänomen verstanden. Als Erstes wird das Servant-Leadership-Modell von Greenleaf beschrieben. Den bekanntesten Ansatz bildet das anschließend dargestellte Leader-Member-Exchange-Modell von Danserau, Graen und Haga (1975).

Servant Leadership

1977 veröffentlichte Robert Greenleaf das Essay »Essentials of Servant Leadership«, in dem er sich gegen das Paradigma der Führung durch Macht und Zwang von oben stellt und fordert, dass Führende ihren Geführten dienen sollen. Nach Greenleaf gibt es eine Pflicht der Machthabenden, den Machtlosen zu dienen. Seine Ansicht, dass legitime Autorität durch die Erfüllung der Bedürfnisse der Geführten entstehen sollte, entfachte in der Führungsforschung eine Bewegung, die als *Servant Leadership* bezeichnet wird. Greenleaf argumentiert, dass Führende ihr eigenes Ego unterordnen müssen, um ihren Geführten mehr Macht zu geben. Das Ziel des Führenden sollte darin bestehen, der Erste unter Gleichen zu sein (vgl. Bass 2008).

Choi und Mai-Dalton (1999) erweiterten diese Idee um das Konzept der self-sacrificial *leaders* (selbstaufopfernde Führende), die bereitwillig ihre eigenen Interessen, Belohnungen und Privilegien aufgeben, um das Wohlergehen ihrer Geführten zu fördern (vgl. Bass 2008). Diese Ideale finden sich auch heute noch beispielsweise im Social Entrepreneurship und Corporate Social Responsibility. Einen Gegensatz dazu stellen beispielsweise mikropolitische Ansätze dar, in denen die Interessen der einzelnen Akteure, also auch der Führungskraft, als zentral angenommen werden (siehe Kapitel 4).

Leader Member Exchange (LMX)

Eine der ersten Theorien, in denen Führung als Interaktionsprozess zwischen Führendem und Geführten betrachtet wurde, ist der Vertical-Dyad-Linkage-Ansatz, der 1975 von Danserau, Graen und Haga entwickelt wurde und später zur Leader-Member-Exchange-Theorie (LMX) ausgearbeitet wurde. Der LMX-Ansatz postuliert, dass die Qualität der Austauschbeziehung zwischen dem Führenden und den einzelnen Geführten jeweils unterschiedlich sein kann – die Geführten werden nicht mehr als Kollektiv gesehen, sondern ihre Individualität wird anerkannt. Zur Messung der Qualität der Beziehung zwischen Führungskraft und Geführten wurde die LMX-Skala entwickelt, die von Schyns auch ins Deutsche übersetzt wurde (vgl. Schyns 2002). Die Abbildung 13 zeigt einen Ausschnitt der LMX7-Skala, die insgesamt aus sieben Fragen besteht.

Abbildung 13: Ausschnitt der LMX7-Skala in der deutschen Übersetzung

Wissen Sie im Allgemeinen, wie Ihr Vorgesetzter Sie einschätzt?	nie	selten	gelegentlich	oft	immer
Wie gut versteht Ihr Vorgesetzter Ihre beruflichen Probleme und Bedürfnisse?	gar nicht	wenig	mittelmäßig	gut	sehr gut
Wie gut erkennt Ihr Vorgesetzter Ihre Entwicklungsmöglichkeiten?	gar nicht	wenig	mittelmäßig	gut	sehr gut
...					

Quelle: Eigene Darstellung nach Schyns (2002)

Je nach Beziehungsqualität können die Geführten in zwei verschiedene Gruppen unterteilt werden: in-group (Innengruppe) und out-group (Randgruppe). Zur Innengruppe zählen Mitglieder, die eine gute Beziehung zur Führungskraft haben und Verantwortung über ihre eigentliche Rolle hinaus übernehmen. Die Mitglieder der Randgruppe erfüllen im Gegensatz dazu genau die Rolle, die ihre Arbeitsplatzbeschreibung für sie vorsieht. Die Vertreter der LMX-Theorie postulieren, dass Organisationen mit In-group-Mitgliedern effektiver sind, da diese engagierter sind. Die Innengruppenmitglieder bringen sich meist stärker ein, sie leisten mehr, als formal von ihnen erwartet wird, und sind der Führungskraft gegenüber loyal. Sie profitieren meist von ihren Bemühungen und ihrer Beziehung zur Führungskraft, indem ihnen mehr Möglichkeiten angeboten werden und sie öfters Belohnungen erhalten als die Randgruppenmitglieder. Diese hingegen haben meist kein Interesse daran, Aufgaben zu übernehmen, die über ihre formalen Verpflichtungen hinausgehen. Die gegenseitige Einflussnahme zwischen Randgruppenmitgliedern und Führungskraft ist gering (vgl. Neuberger 2002; Northouse 2007). Des Weiteren konnte gezeigt werden, dass die Mitarbeiterfluktuation bei Innengruppenmitgliedern niedriger ist, dass diese mehr positive Leistungsbeurteilungen und Beförderungen erhalten (vgl. Graen & Uhl-Bien 1995).

Dementsprechend argumentieren Vertreter der LMX-Theorie, dass Führungskräfte versuchen sollten, In-group-Beziehungen zu allen Geführten aufzubauen. Als Grundlagen dieser Beziehungen werden Fairness und eine offene Kommunikation angesehen, als Ergebnis eine partnerschaftliche Beziehung zwischen Führungskraft und Geführten, die auf gegenseitigem Vertrauen und Respekt fußt.

Kritiker beanstanden an dieser Theorie, dass die Annahme, dass es Innengruppen und Randgruppen in einer Organisation gibt, dazu führen kann, dass Vorurteile bezüglich der Ungleichheit von Organisationsmitgliedern verstärkt und so Konflikte möglicherweise gefördert werden. Außerdem widerstrebt vielleicht manchen Geführten die Vorstellung, von ihrer Führungskraft in der von der LMX-Theorie beschriebenen Art und Weise behandelt zu werden. Sie könnten befürchten, dass ihr Engagement gegenüber dem Unternehmen in Frage gestellt wird, falls sie sich nicht wie In-group-Mitglieder verhalten bzw. keine gute Beziehung zu ihrer Führungskraft aufbauen können oder wollen.

51

Abschließend muss festgehalten werden, dass die LMX-Theorie leider keine detaillierten Vorschläge gibt, wie Führungskräfte diese komplexen, qualitativ hochwertigen Beziehungen zu ihren Geführten aufbauen können.

Team Leadership

Teambasierte Führungsmodelle gewinnen zunehmend an Bedeutung. Ausgelöst wurde diese Entwicklung in den USA durch die steigende Konkurrenz aus Japan in den 60er und 70er Jahren und die dadurch verstärkte Beachtung von Teamarbeit und Benchmarking (vgl. Northouse 2007).

Den Kern des Team-Leadership-Modells bildet die Analyse der Gruppendynamik in Teams, der Teamdiagnose und des Lösens von Problemen, um Ziele effektiv zu erreichen. Als Team wird eine Gruppe von Personen definiert, »die wechselseitig voneinander abhängig und gemeinsam verantwortlich sind für das Erreichen spezifischer Ziele ihrer Organisation« (Thompson 2004, übersetzt von van Dick & West 2005). Die Führungskraft ist für das Ergebnis bzw. den Erfolg der Zusammenarbeit verantwortlich. Dennoch sollten auch Führungsaufgaben soweit möglich unter den Gruppenmitgliedern verteilt werden. Teammitglieder sollen immer wieder Fragebögen zur Teamdiagnose beantworten, damit Probleme im Team so früh wie möglich identifiziert werden können und die Führungskraft dementsprechend Maßnahmen zur Lösung dieser Schwierigkeiten setzen kann.

Im Zentrum dieses Modells steht das Lösen von Problemen, um die Effektivität eines Teams zu steigern. Diese Probleme wurzeln einerseits in gruppendynamischen Phänomenen, berühren aber gleichzeitig meist komplexe organisationale Problembereiche. Bei jedem Team muss eine genaue Diagnose durchgeführt werden und darauf aufbauend eine spezifische Lösung gefunden werden. Es gibt (bis jetzt) keine Patentlösungen, die schnell und einfach in einem Leadership-Trainingsprogramm vermittelt werden bzw. schnell und einfach umgesetzt werden können.

Die Führungskraft in der Zusammenarbeit mit anderen

Der Aufbau von positiven und produktiven Beziehungen ist ein zentrales Ziel der meisten Führungskräfte und wird in aktuellen Führungsansätzen betont. *Patricia O'Connor* und *David Day* (2007) halten fest, dass die Identitäten von Führenden dynamisch sind und sich auf unterschiedlichen Ebenen über die Zeit in sozialen Prozessen verändern. Sie stellen sich gegen die Ansicht, dass Führungskräfte sich auf ihre eigene individuelle Identität konzentrieren sollen, sondern fordern, dass Identität als Produkt der Beziehung mit anderen gesehen wird.

Jean Lipman-Blumen (2000) zeigt auf, dass Führungskräfte heutzutage einerseits Gegenseitigkeit betonen sollen (also den Fokus auf gemeinsame Ziele und Werte richten sollen) und gleichzeitig bereit sein sollen, auch unterschiedliche Interessen und Werte einzubeziehen, ohne eine Homogenisierung zu fordern. Bennis empfiehlt, dass Führungskräfte sich darauf konzentrieren, eine »Great Group« zu schaffen, ein Team aus engagierten Individuen, die gemeinsam ein Ziel, das größer ist als jedes persönliche Ziel der Mitglieder, erschaffen, internalisieren und anstreben.

Die Führungsliteratur strotzt vor Texten, die Führungskräften helfen sollen, gemeinschaftliche Partnerschaften mit Kollegen und Geführten aufzubauen. Eine dieser Quellen ist das Stadienmodell der Teamentwicklung von *Bruce Tuckman* (1965, 2008), das in fünf Stadien beschreibt, wie sich Teams über die Zeit entwickeln. Das Modell ist in Abbildung 14 dargestellt.

1. *Forming:* Anfangsphase, die Teammitglieder kommen erstmals zu einem Projekt zusammen.
2. *Storming:* Erste Ideen zum Vorgehen entstehen, die Gruppe lernt sich kennen.
3. *Norming:* In dieser Phase entwickelt sich die Gruppenkultur mit Regeln, Werten, Methoden und Instrumenten.
4. *Performing:* Die interpersonellen Fragen sind geklärt, die Gruppe arbeitet effektiv zusammen, um die Ziele zu erreichen.
5. *Adjourning:* Die Aufgabe ist erfüllt, die Gruppe löst sich auf.

Abbildung 14: Stadienmodell der Teamentwicklung

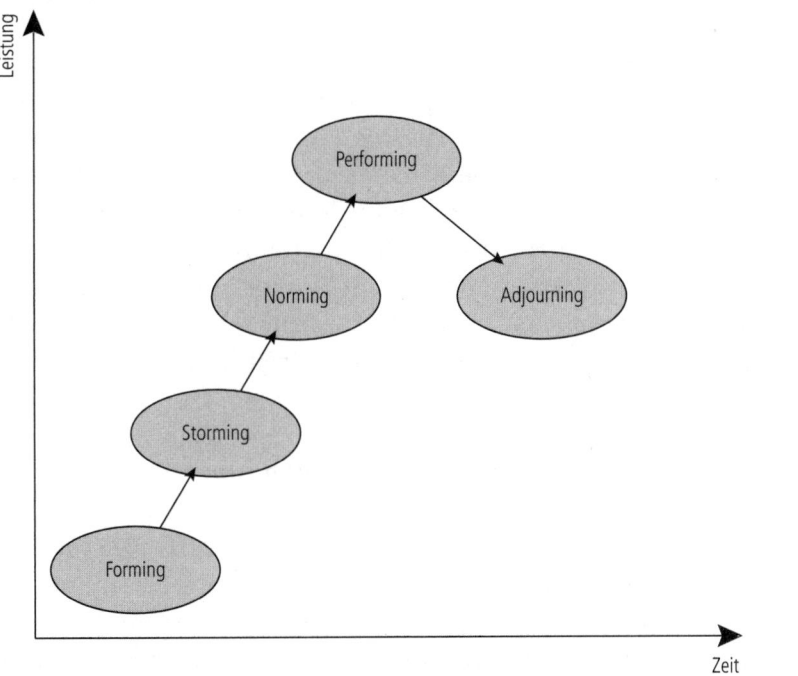

Quelle: Eigene Darstellung nach Tuckman (1965)

Tuckman geht davon aus, dass alle Phasen wichtig für die Entwicklung einer erfolgreichen Gruppe sind, damit die Gruppe wachsen, Herausforderungen bewältigen, Aufgaben erfüllen und Probleme lösen kann.

J. Richard Hackman (2002) gibt an, dass eine Führungskraft ein Team so zusammenstellen und unterstützen soll, dass es sich selbst managen kann. TeamleiterInnen sollten nicht danach streben, eine demokratische Führung und harmonische Gruppendynamik im Team zu installieren, da aufgabenbasierte Konflikte, eine etwas direktive Führung und unterschiedliche Ansichten ein gesünderes, effektiveres Team auszeichnen. Er beschreibt fünf Elemente, die zu einer exzellenten Teamleistung führen:

1. Die Gruppe muss sich selbst als echtes Team wahrnehmen, das sich auf die Gruppe und die Aufgabe konzentriert und nicht auf die Persönlichkeit Einzelner. Es braucht eine klare Aufgabe und klare Grenzen. Jedes Mitglied ist für die Erfüllung der Aufgabe mitverantwortlich.
2. Die Führungskraft soll die Richtung und klare, konsistente und logische Angaben zum gewünschten Ergebnis vorgeben, ohne zu bestimmen, wie dieses Ziel erreicht werden soll.
3. Die Gruppe muss eine Teamstruktur entwickeln, die Gruppennormen, Aufgabenverteilung und Verantwortung aller Teammitglieder ermöglicht.
4. Es sollte einen unterstützenden, organisationalen Kontext geben; die Organisation soll so strukturiert sein, dass die Effektivität des Teams nicht behindert wird.
5. Coaching durch einen Experten soll zur Verfügung gestellt werden. Dies kann zur Motivation des Teams beitragen und helfen, Erfahrungen des Teams zu verarbeiten.

Kollaborative Führung strebt auch danach, positive soziale Kontakte der einzelnen Individuen zu fördern. Nach *Robert Putnam* (2000), einem Politikwissenschaftler, ist eine Konsequenz der Moderne die Abnahme des sozialen Kapitals und des bürgerlichen Engagements, was wiederum eine Folge von Isolation, Individualisierung und dem Zusammenbruch sozialer Institutionen ist. Der Fokus von kollaborativer, partizipativer und transformationaler Führung auf Teambildung, Persönlichkeit und Servant Leadership, kann ein Katalysator zurück zu einer idealisierten Form der menschlichen Verbundenheit und sozial bedeutsamen Arbeit sein.

3 Die Entwicklung der Transformationalen Führungstheorie

Die Theorie der Transformationalen Führung wurde erstmals 1978 von James McGregor Burns beschrieben und ist auch heute noch von großer Bedeutung. Die Theorie, die stark von den Arbeiten von Bernard Bass beeinflusst wurde, basiert auf der Annahme, dass Führung auf geteilten Visionen und ethisch-moralischen Veränderungen gründet, dass Führung einen Prozess darstellt, der Führende und Geführte verändert, sie »transformiert«, und so einerseits zu erhöhter Produktivität, aber auch zu einem moralischeren Verhalten führt. Die Führungskraft spielt in diesem Veränderungsprozess eine entscheidende Rolle; sie ist dafür verantwortlich, die Bedürfnisse der Geführten zu erkennen und zu bedienen, damit Führende und Geführte zusammen eine Vision, die dem Allgemeinwohl dient, entwickeln. Die bis heute andauernde Popularität dieses Ansatzes wird dem Einbeziehen der intrinsischen Motivation und der Entwicklung der Geführten zugeschrieben (vgl. Bass & Riggio 2006; Northouse 2007).

Transaktionale Führung

Transformationale Führung wird meist durch den Vergleich mit der sogenannten Transaktionalen Führung erklärt. Burns argumentierte, dass Transaktionale Führung auf der Befriedigung der Bedürfnisse Einzelner basiert und nicht auf dem Ziel, dem Allgemeinwohl zu dienen. Transaktionale Führung beruht auf rationalen Austauschbeziehungen zwischen Führungskraft und Geführten sowie auf dem Prinzip der Verstärkung. Die Geführten haben mit positiven oder negativen Konsequenzen bezogen auf ihr Verhalten zu rechnen. Die Führungskraft kontrolliert sowohl den Weg (sie kann erleichtern oder blockieren) als auch das Ziel (sie kann Belohnungen vergeben oder vorenthalten).

Transaktionale Führung umfasst Contingent Reward (bedingte Belohnung), also Führung als Austauschbeziehung, in der Geführte bestimmte Leistungen für bestimmte Belohnungen erbringen, und Management by exception, also Führung, die auf negativem Feedback und Kritik beruht. Dieses Prinzip findet sich auch in der Weg-Ziel-Theorie der Führung, die in Kapitel 1 beschrieben wurde (vgl. Neuberger 2002).

Transformationale Führung

Im Gegensatz zur Transaktionalen Führung besteht der Kern der Transformationalen Führung darin, dass die Führungskraft eine *Vision* für die gesamte Organisation entwickelt. Diese Vision soll sinnstiftend sein, auf den Grundwerten der Organisation basieren und langfristig ausgerichtet sein. Sie dient der Organisation als übergeordnetes Ordnungsprinzip für alle Aktivitäten auf allen Hierarchieebenen.

Ein weiterer zentraler Aspekt der Transformationalen Führung ist *Empowerment* – die Geführten sollen aktiv an der Umsetzung und Erreichung der Vision und den damit verbundenen sozialen Veränderungen partizipieren. Es ist Aufgabe der Führungskraft, sie darin zu unterstützen bzw. dazu in die Lage zu versetzen.

Sowohl transaktional als auch transformational Führende können erfolgreich in der Zielerreichung sein, aber transformational Führende erreichen noch mehr, da sie die Geführten stärker mit einbeziehen und so mehr Nachhaltigkeit erreichen (vgl. Sorenson & Goethals 2004). In Tabelle 2 sind die Unterschiede zwischen Transaktionaler und Transformationaler Führung dargestellt, die im Folgenden noch ausführlicher erläutert werden.

Tabelle 2: Transaktionale vs. Transformationale Führung

Transaktionale Führung	Transformationale Führung
• Bedingte Belohnung • Management by Exception	• Charisma • Inspiration und Motivation • Intellektuelle Stimulation • Individualisierte Fürsorge

Quelle: Eigene Darstellung

Charisma und Transformationale Führung

Charisma stellt einen zentralen Faktor in der Transformationalen Führung dar, es wird sogar als zentrale und notwendige Eigenschaft der Führungskraft angesehen, um die Geführten zu »transformieren«. Max Weber definiert Charisma als eine »Qualität einer Persönlichkeit (...), um derentwillen sie als mit übernatürlichen oder übermenschlichen oder mindestens spezifisch außeralltäglichen, nicht jedem andern zugänglichen Kräften oder Eigenschaften oder als gottgesandt oder als vorbildlich und deshalb als ›Führer‹ gewertet wird« (Weber 1922). Außerdem hält Weber fest, dass solche charismatischen Persönlichkeiten sich meist während einer Krise zeigen.

Robert House (1976) schrieb charismatischen Führungspersonen spezielle Eigenschaften wie unter anderem Dominanz, starkes Machtstreben und Selbstbewusstsein zu (vgl. Northouse 2007). Dies erinnert nun wiederum stark an die eingangs behandelte Eigenschaftstheorie, die heute als veraltetes und unzureichendes Erklärungsmodell angesehen wird (siehe dazu Kapitel 1). House beschreibt des Weiteren, dass charismatische Führungspersonen erfolgreich diesen transformativen Wandel herbeiführen können, indem sie ausdrucksstarke moralische Rollenbilder vorgeben, Kompetenz und Courage ausstrahlen, klare ideologische Ziele beschreiben, hohen Erwartungen an ihre Geführten Ausdruck verleihen, aber auch Vertrauen in die Fähigkeiten der Geführten setzen und ausdrücken und die Geführten in der Zielerreichung unterstützen (Empowerment). Diese Eigenschaften und Verhaltensweisen fördern das Vertrauen der Geführten in die Ideologie der Führungsperson, sodass sie der Führungsperson folgen und sich mit ihr emotional identifizieren.

Shamir, House und Arthur (1993) erweiterten dieses Konzept um die Annahme, dass die charismatische Führungsperson das Selbstkonzept der Geführten verändert und die individuelle Identität der Geführten so mit der Identität der Organisation verknüpft. Die Geführten sehen sich als Teil der Organisation, ihre Arbeit für die Organisation wird als Teil ihrer selbst angesehen (vgl. Northouse 2007).

Bernard Bass (1985) erweiterte den transformationalen Ansatz um die Einbeziehung der Bedürfnisse der Geführten, insbesondere ihrer emotionalen Bedürfnisse. Er hielt fest, dass Geführte ein starkes Vorbild brauchen, um sich persönlich verbunden und herausgefordert zu fühlen sowie um das Gefühl zu haben, als Einzelperson wahrgenommen zu werden. Charisma allein ist allerdings nicht ausreichend, um als transformationale Führungskraft erfolgreich zu sein. Daher entwickelte Bass ein Führungskontinuum, das von Transformationaler Führung auf dem einen Ende über Transaktionale Führung in der Mitte bis hin zu Laissez-faire-Führung am anderen Ende. Jeder dieser Arten von Führung ordnete er bestimmte Attribute zu. So umfasst Transformationale Führung idealized influence (Charisma), inspirational motivation (Inspiration und Motivation), intellectual stimulation (intellektuelle Stimulation) und individualized consideration (individualisierte Fürsorge).

Charisma beschreibt dabei Führende, die als einzigartige und ausdrucksstarke Vorbilder angesehen werden. Der Faktor Inspiration und Motivation beschreibt Führende, die hohe Erwartungen an ihre Geführten stellen. Intellektuelle Stimulation beschreibt Führende, die ihre Geführten ermutigen, neue Perspektiven einzunehmen und ihre eigenen Standpunkte zu vertreten. Der Faktor individualisierte Fürsorge beschreibt Führende, die die Bedürfnisse ihrer Geführten aufmerksam beachten und ihre Interaktionen und Erwartungen dementsprechend gestalten (vgl. Sorenson & Goethals 2004; Northouse 2007). In der folgenden Tabelle 3 sind die Elemente der Transformationalen Führung nochmals zusammengefasst.

Tabelle 3: Elemente der Transformationalen Führung

Transformationale Führung			
Charisma	**Inspiration und Motivation**	**Intellektuelle Stimulation**	**Individualisierte Fürsorge**
• Enthusiasmus vermitteln • als Identifikationsperson wirken • integer handeln	• Bedeutung von Zielen und Aufgaben erhöhen • über eine fesselnde Vision/Mission motivieren	• etablierte Denkmuster aufbrechen • neue Einsichten vermitteln	• Mitarbeiter individuell beachten • Mitarbeiter indivduell führen und fördern

Quelle: Eigene Darstellung nach Wunderer (2007)

In einer späteren Ausarbeitung der Transformationalen Führungstheorie fügte Bass (1994) ein weiteres Verhalten ein, die Laissez-faire-Führung. Diese bezeichnet Bass auch als »Nicht-Führung« oder »Hände-weg«-Führung, da sie die Passivität einer Führungskraft beschreibt. Die Führungskraft ist gleichgültig gegenüber den Geführten, gegenüber deren und der eigenen Entwicklung und greift auch dann nicht ein, wenn die erfolgreiche Aufgabenerfüllung gefährdet ist (vgl. Sohm 2007).

Die größte Wahrscheinlichkeit, dass Führung zu individuellem und organisationalem Wandel führt, liegt, so Bass, in der Transformationalen Führung.

Yukl (2010) nennt die folgenden Leitsätze, denen Führungskräfte folgen sollen, um transformational zu führen:

- Geben Sie eine klare und ansprechende Vision vor!
- Erklären Sie, wie diese Vision erreicht werden kann!
- Handeln Sie optimistisch und selbstsicher!
- Zeigen Sie, dass Sie Ihren Mitarbeitern vertrauen!
- Nutzen Sie dramatische, symbolhafte Aktionen, um Schlüsselwerte zu vermitteln!
- Gehen Sie mit gutem Beispiel voraus!

Kritik an der Transformationalen Führung

Kritiker der Transformationalen Führung geben an, dass dieser Theorie konzeptuelle Klarheit fehle und sie leicht zu Heldenverehrung führen könne. Es gebe keine klaren Parameter, an denen sich Führungskräfte orientieren könnten, um die beschriebenen Aufgaben (beispielsweise das Entwickeln einer allumfassenden Vision) bewältigen zu können (vgl. Northouse 2007). Außerdem bestehe die Gefahr, dass Forschende zu sehr auf Führungspersonen fokussierten, die Charisma zeigen, und sich so wieder dem Modell der Eigenschaftstheorie annäherten (siehe dazu Kapitel 1). Zudem legt diese Theorie nahe, dass Veränderung von der Führungskraft ausgeht, nicht von der Beziehung zwischen Führenden und Geführten – auch dies wäre ein Rückschritt in der Geschichte der Führungsforschung (vgl. Kapitel 1 und Kapitel 2).

Die starke Konzentration auf das Charisma der Führungskraft (immerhin eine der vier zentralen Säulen der Transformationalen Führung) erfährt außerdem besonders im deutschen Sprachraum starke Ablehnung, wie beispielsweise das folgende Zitat zeigt: »War nicht das vergangene Jahrhundert die Epoche der charismatischen Führer schlechthin, und hießen sie nicht Hitler, Stalin und Mao?« (Malik 2007: 19). Charismatische Führende können sehr motivierend und mitreißend sein, was dazu führen kann, dass die Geführten gehorchen, ohne wirklich die Hintergründe zu verstehen bzw. ohne genau zu wissen, was sie eigentlich tun. Weber selbst stellte fest, dass charismatische Führende am Ende oft selbst glauben, dass sie eine spezielle (gottgegebene) Gabe erhalten haben und über jede Kritik erhaben sind.

Eine besondere Herausforderung stellt sich für die Nachfolger von charismatischen Führenden, da ihre Vorgänger die Organisation meist durch ihre mitreißende Persönlichkeit am Laufen gehalten haben, ohne nachhaltige Strukturen zu schaffen.

4 Transformationale Führung in neueren Modellen

Zahlreiche Wissenschaftler wie auch Praktiker haben sich mit der Theorie der Transformationalen Führung auseinandergesetzt und diese weiterentwickelt. Im Folgenden werden einige dieser Weiterentwicklungen dargestellt.

New Leadership

New Leadership (die »neue Führung«) basiert auf demokratischen Idealen und charismatischer, transformierender und visionärer Führung (vgl. Antonakis et al. 2004) – Komponenten, die eindeutig der Transformationalen Führungstheorie entlehnt sind. Der Begriff »New Leadership« wurde von Alan Bryman in seinem Buch »Charisma and Leadership in Organizations« (1992) eingeführt. Er hält fest, dass seit den 80er Jahren die Führungstheorie und die Führungspraxis den Fokus zunehmend auf die Beziehung zwischen dem Führenden und den Geführten, Innovation, das Fördern von Engagement, das Empowerment der Geführten und das Vorwegnehmen von Veränderungen in der Umwelt gerichtet hat. Rationale bzw. technische Fähigkeiten wie Planung, Gehorsam, das Aufrechterhalten von Macht, das Verteilen von Verantwortung und das Reagieren auf Umweltveränderungen treten mehr und mehr in den Hintergrund.

In diesen »neuen« Ansätzen wird meist eine Unterscheidung zwischen guten und effektiven Führenden getroffen. Gute Führende beschäftigen sich vor allem mit sozialen Veränderungen zum Wohle ihrer Geführten, sie folgen moralischen Ansprüchen. Effektive Führer hingegen versuchen Führungsziele zu erreichen. Gute Führende können dabei selbstverständlich auch effektiv sein. Manche Vertreter dieser Ansätze gehen sogar davon aus, dass gute Führende besonders effektiv sind, da ihre Geführten eher Loyalität und hohen Einsatz zeigen und noch dazu einen wertvollen Beitrag zur Gesellschaft leisten. Im Allgemeinen basieren diese Ansätze alle auf der Annahme, dass gute Führende sich selbst und ihre Werte verstehen, gemeinsam mit ihren Geführten eine sinnstiftende Vision entwickeln und daraus ein Organisationsziel ableiten sollen, das auf durch die Vision vermittelten Werten gründet.

Bennis und Nanus: Vier Führungsstrategien

In den 80er Jahren wurde in zwei Studien versucht, das transformationale Führungskonzept auf die Praxis anzuwenden. Warren Bennis und Burt Nanus (1985) interviewten 90 Führungskräfte und stellten fest, dass transformational Führende die folgenden vier Führungsstrategien aufweisen:
1. Sie haben eine klare, konkrete Vision, die sich auf die Zukunft der Organisation bezieht und aus den Bedürfnissen der Organisationsmitglieder entsteht.
2. Sie handeln als social architects (soziale Architekten), sie unterstützen ihre Geführten darin, eine neue, gemeinsame Identität und eine von allen geteilte Philosophie zu entwickeln.
3. Sie bauen Vertrauen auf, indem sie eine klare Richtung vorgeben und sich konsistent zu ihren eigenen Prinzipien verhalten.
4. Positive self-regard (positive Selbstaufmerksamkeit): Sie kennen ihre Stärken und Schwächen und verbinden ihr Selbstbild mit der Organisation.

Bennis und Nanus geben an, dass diese vier Strategien das Vertrauen und die Loyalität der Geführten in die Führungsperson und die Organisation erhöhen (vgl. Northouse 2007).

Kouzes und Posner: Fünf Führungspraktiken

James Kouzes und Barry Posner (2002) interviewten in den 80er Jahren 1.300 Führungskräfte und entwickelten, aufbauend auf den Ergebnissen, ein Modell, das fünf grundlegende Führungspraktiken erfolgreicher transformational Führender beschreibt (vgl. Neuberger 2002).

1. *Model the way* (mit gutem Beispiel vorangehen): Sie geben den Weg vor, indem sie selbst als Vorbild vorangehen. Dabei bleiben sie sich selbst treu, verhalten sich aber konsistent zu den von ihnen selbst vorgegebenen Werten.
2. *Inspire a shared vision* (zu einer gemeinsamen Vision inspirieren): Sie entwickeln eine gemeinsame Vision, die für die Geführten richtungweisend ist und sie gleichzeitig animiert, herausfordernde Ziele zu erreichen.
3. *Challenge the process* (das Bestehende herausfordern): Sie zeigen Bereitschaft für Innovationen, riskante neue Ideen und außergewöhnliche Vorgehensweisen, sie nehmen Herausforderungen an.
4. *Enable others to act* (andere zum Handeln befähigen): Sie versetzen ihre Geführten in die Lage zu handeln, indem sie kooperieren und jedes Mitglied der Organisation mit Respekt behandeln.
5. *Encourage the heart* (das Herz ansprechen): Sie loben die Geführten und belohnen sie. Die Wertschätzung ist aufrichtig.

Kouzes und Posner geben an, dass dieses Modell auf Führungspraktiken und nicht auf der Persönlichkeit des Führenden beruht. Die Führungspraktiken könnten von fast allen Führenden befolgt werden (vgl. Northouse 2007).

Um festzustellen, wie ein bestimmtes Führungsverhalten in dieses Modell passt, entwickelten Kouzes und Posner das Leadership Practices Inventory (LPI), das immer noch in der Führungskräfteentwicklung Verwendung findet.

5 Werte und Ethik

In diesem Abschnitt werden nun Führungsansätze dargestellt, in denen Werte und Ethik eine besonders wichtige Rolle einnehmen.

Authentic Leadership

Authentizität bedeutet im Zusammenhang mit Führung die Selbstwahrnehmung der zugrundeliegenden Bestimmung, der grundlegenden Werte, Ansichten und Einstellungen des Selbst, die gemeinsam den moral compass (moralischen Kompass) einer Person bilden (vgl. Cooper et al. 2005; Sparrowe 2005; Woods 2007). George und Sims (2007) beschreiben in ihrem Text »True North« den moralischen Kompass als Richtschnur, als Orientierungspunkt »ausgerichtet an dem, was dir am wichtigsten ist, den von dir am meisten geschätzten Werten, deinen Leidenschaften und Motiven, der Quelle der Zufriedenheit in deinem Leben« (S. xxiii).

Führungskräfte sind authentisch, wenn sie in einem Reflexionsprozess ihren eigenen inneren moralischen Kompass ergründet haben und ihr Verhalten diesen inneren Glaubenssätzen entspricht. Der Prozess, ein »authentisches Selbst« zu werden, ist der erste Schritt, um eine »authentische Führungskraft« zu werden. Im Idealfall führt authentische Führung zu einem Verhalten, das die Zusammenarbeit und nachhaltige Beziehung zu den Geführten fördert und sie befähigt, den gemeinsamen Auftrag zu erfüllen.

Es gibt ein breites Segment an Literatur zu Führung, in der die Ansicht vertreten wird, dass das spirituelle Selbstverständnis bzw. die Reflexion des Selbstverständnisses als Führungskraft ein wesentlicher Bestandteil für ganzheitliche, integrative und letztendlich auch gesundheitsförderliche Führung ist (vgl. Burns 1978; Bennis 1989; Greenleaf 2003; Covey 2004; De Pree 1997).

Ethische Führung

Joanne Ciulla argumentiert, dass Führungsethik und Führungsoutcome untrennbar miteinander verknüpft sind (2004). Sie sieht Führungskräfte nicht als effektiv an, solange diese sich nicht auch ethisch verhalten, und appelliert an andere Wissenschaftler und Praktiker. ethische Überlegungen in ihr Führungsmodell mit einzubeziehen. Sie kritisiert, dass es unzureichend ist für Führungskräfte, ethische Überlegungen nur als Lippenbekenntnisse anzusehen, also nur ihre Bedeutung zu betonen, sich aber nicht daran zu halten. Führungskräfte sollten, so Ciulla, eine grundlegende, vollständig entwickelte ethische Basis haben, denn bei Ethik gehe es um menschliche Beziehungen, also darum, was wir tun sollten und wie wir als Menschen, als Mitglieder einer Gesellschaft, sein sollten, in all den verschiedenen Rollen, die wir innehaben. Eine gute Führungskraft erkennt dementsprechend an, dass sie eine moralische Verpflichtung hat, Bedingungen zu schaffen, unter denen sich Menschen entwickeln und entfalten können.

Ciulla schlägt vier Bereiche für eine Analyse der Führungsethik vor:
1. die ethischen Grundsätze der Führungskraft als Person (z. B. Selbstkenntnis, Absichten)

2. die ethischen Grundsätze der Beziehung zwischen Führendem und Geführten (z.B. wie sie sich gegenseitig behandeln)
3. die ethischen Grundsätze des Führungsverhaltens (z.B. autoritär, partizipatorisch)
4. die ethischen Grundsätze, was eine Führungskraft zu tun hat, und was nicht.

Vor allem aber haben ethische Führungskräfte fundamentale moralische Konzepte, wie beispielsweise Respekt für andere, Gerechtigkeit und Ehrlichkeit, zu verinnerlichen.

Toxic Leadership

Manche Führungskräfte werden als unethisch oder einfach nur böse und schlecht beschrieben. Jean Lipman-Blumen (2004) untersuchte die Eigenschaften von toxic leaders (giftigen Führungskräften) und ging der Frage nach, warum die Geführten diesen folgten. Sie argumentiert, dass Menschen ein Bedürfnis nach Respekt einflößenden Figuren haben und dass viele dieser gebieterischen Persönlichkeiten unentschuldbar egoistisch und manchmal auch einfach inkompetent sind. Aufgrund des Bedürfnisses der Geführten nach einem Gefühl der Sicherheit werden diese Führungspersonen oft nicht abgelehnt.

Barbara Kellerman (2004) hält fest, dass genau so, wie gute Führung und Führungserfolg als Ergebnis des Zusammenspiels von Führenden und Geführten gesehen wird, auch die Verantwortung für schlechte Führung und unethisches Führungsverhalten sowohl den Führenden als auch den Geführten zugerechnet werden sollte.

Kellerman argumentiert, dass Führende und Geführte anerkennen müssten, dass die menschliche Natur eine dunkle Seite hat, die zu ineffektiven Ergebnissen und schlechten Taten führen kann. Führungskräfte können aber, ohne ihre menschliche Natur außer Acht zu lassen, ihren Egoismus und ihre Fehltritte versuchen zu minimieren. Dazu empfiehlt Kellerman Führungskräften Folgendes: Versuche die Macht zu verteilen, begrenze deinen Machtanspruch, vertraue nicht dem Rummel um dich herum, bleibe echt, versuche deine Schwächen zu kompensieren, schaffe dir einen Ausgleich, behalte das Ziel im Auge, achte auf deine Gesundheit, entwickle dein persönliches Hilfssystem, sei kreativ, sei dir deiner Wünsche bewusst und kontrolliere sie, sei selbstreflexiv.

Den Geführten rät Kellerman, sich selbst zu ermutigen, einen eigenen Standpunkt zu beziehen und diesen auch zu vertreten, wenn sie Probleme erkennen, dem Ganzen und nicht einem Individuum gegenüber loyal zu sein, skeptisch zu sein und genau darauf zu achten, was um sie herum vorgeht.

6 Zusammenfassung

In diesem Kapitel wurden Führungstheorien beschrieben, in denen Führung als Beziehungsphänomen verstanden und somit die Interaktion zwischen Führungskraft und Geführten betont wird. Im zweiten Teil dieses Kapitels wurden die Transformationale Führung und ihre Weiterentwicklungen dargestellt. Zentrales Element dieser Theorien ist die Annahme, dass Führung auf geteilten Visionen und ethisch-moralischen Veränderungen gründet, dass Führung einen Prozess darstellt, der Führende und Geführte verändert, sie »transformiert«, und so einerseits zu erhöhter Produktivität, aber auch zu einem moralischeren Verhalten führt. Moralisches Verhalten ist auch in den im letzten Abschnitt beschriebenen Ansätzen authentische Führung, ethische Führung und Toxic Leadership von großer Bedeutung. Diese Ansätze sind bis heute in der Führungsforschung und Praxis von großer Bedeutung, wenngleich sich in der Verbreitung dieser Theorien Unterschiede zwischen Deutschland und den USA zeigen lassen, wie in Kapitel 5 gezeigt werden wird.

7 Ausblick

Im nächsten Teil 4 »Motivation, Macht und Psyche« werden bestimmte Aspekte der Führung genauer betrachtet. Zuerst wird der Zusammenhang zwischen Führung und Motivation beleuchtet und verschiedene Modelle zur Mitarbeitermotivation dargestellt. Außerdem wird auch kritisch hinterfragt, inwieweit Mitarbeiter tatsächlich von der Führungskraft motiviert werden können. Anschließend wird der mikropolitische Führungsansatz, in dem vor allem Macht ein zentrales Element ist, beschrieben. Den letzten Abschnitt bilden Theorien, die aus der Psychologie stammen und verschiedene Aspekte des Führungsgeschehens genauer betrachten, wie beispielsweise psychodynamische Ansätze, die auf Sigmund Freud zurückgehen, und die soziale und emotionale Intelligenz.

8 Literatur

Antonakis, J., Cianciolo, A. T. & Sternberg, R. J. (Hrsg.) (2004): *The nature of leadership*. Thousand Oaks: Sage

Bass, B. M. (1985): *Leadership and performance beyond expectations*. New York, London: Free Press; Collier Macmillan.

Bass, B. M. (Hrsg.) (1994): *Improving organizational effectiveness through transformational leadership*. Thousand Oaks: Sage.

Bass, B. M. & Riggio, R. E. (2006): *Transformational Leadership* (2nd edition), Mahwah: Erlbaum Associates.

Bass, B. M. (2008): *The Bass handbook on leadership: Theory, research & managerial applications*. New York: Free Press.

Bennis, W. G. (1989): On becoming a Leader. Reading. MA: Addison-Wesley Publishing. Leadership.

Bennis, W. G. & Nanus, B. (1985): *Leaders. The strategies for taking charge.* New York: Harper.

Bryman, A. (1992): *Charisma and leadership in organizations.* London und Newbury: Sage.

Burns, J. M. (1978): *Leadership.* New York: Harper and Row.

Choi, Y. & Mai-Dalton, R. R. (1999): The model of followers' responses to self-sacrificial leadership: A review of theory and research. In: *The Leadership Quaterly*, 10, S. 397–421.

Ciulla, J. (2004): Ethics and leadership effectiveness. In: Antonakis, J., Cianciolo, A. T. & Sternberg, R. J. (Hrsg.): *The nature of leadership.* Thousand Oaks: Sage, S. 302–328.

Cooper, C.D., Scandura, T.A. & Schriesheim, C.A. (2005): Looking forward but learning from our past: Potential challenges to developing authentic leadership theory and authentic leaders. In: *The Leadership Quarterly*, 16, S. 475–493.

Covey, S.R. (2004): *The seven habits of highly effective people: Restoring the character ethic.* New York: Free Press.

Danserau, F., Graen, G. B. & Haga, W. (1975): A vertical dyad linkage approach to leadership in formal organizations. In: *Organizational Behavior and Human Performance*, 13, S. 46–78.

De Pree, M. (1997): *Leading without power: Finding hope in serving community.* San Francisco: Jossey-Bass.

George, B. & Sims, P. (2007): True north: Discover your authentic leadership. New York: Basic Books.

Graen, G. B. & Uhl-Biel, M. (1995): Relationship-based approaches to leadership: Development of LMX theory of leadership over 25 years: Applying a multi-domain approach. In: *Leadership Quarterly*, 6, S. 219–247.

Greenleaf, R. K. (1977): *Servant leadership: A journey into the nature of legitimate power and greatness.* New York: Paulist Press.

Greenleaf, R. K. (2003): *The servant leader within: A transformative path.* New York: Paulist Press.

Hackman, J. R. (2002): *Leading team: Setting the stage for great performances.* Boston: Harvard Business School Press.

House, R. (1976): A 1976 theory of leadership. In: Hunt, J. G. & Larson, L. L. (Hrsg.): *Leadership: The cutting edge.* Carbondale: Southern Illinois University Press, S. 189–207.

Kellerman, B. (2004): *Bad leadership: What it is, how it happens, why it matters.* Boston: Harvard Business School Press.

Kouzes, J. M. & Posner, B. Z. (2002): *The leadership challenge.* 3rd edition. San Francisco: Jossey-Bass.

Lipman-Blumen, J. (2000): *Connective Leadership: Managing in a changing world.* Oxford: Oxford University Press.

Lipman-Blumen, J. (2004): *The allure of toxic leaders.* Oxford: Oxford University Press.

Malik, F. (2006): *Führen. Leisten. Leben. Wirksames Management für eine neue Zeit.* Frankfurt: Campus.

Malik, F. (2007): *Gefährliche Managementwörter. Und warum man sie vermeiden sollte.* Frankfurt: Campus Verlag.

McGovern, G., Simmons, D. & Gaken, D. (2008): *Leadership and service: An introduction.* Dubuque, IA: Kendall Hunt.

Neuberger, O. (2002): *Führen und führen lassen.* Stuttgart: UTB.

Northouse, P. G. (2007) *Leadership: Theory and practice.* Thousand Oaks: Sage.

O'Connor, P. & Day, D. (2007): Shifting the emphasis of leadership development: From »me« to »all of us«. In: Conger, J. A. & Reggio, R. E. (Hrsg.): *The Practice of Leadership.* San Francisco: Jossey-Bass, S. 64–86.

Putnam, R. D. (2000): *Bowling alone: The collapse and revival of American community.* New York: Simon and Schuster.

Shamir, B., House, R. N. & Arthur, M. B. (1993): The motivational effects of charismatic leadership: A self-concept based theory. In: *Organizational Science,* 4, S. 1–17.

Schyns, B. (2002): Überprüfung der deutschsprachigen Skala zum Leader-Member-Exchange-Ansatz. In: *Zeitschrift für Differentielle und Diagnostische Psychologie,* 23, S. 235–245.

Sohm, S. (2007): *Zeitgemäße Führung. Ansätze und Modelle. Eine Studie der klassischen und neueren Management-Literatur.* Bertelsmann Stiftung.

Sorenson, G. & Goethals, G. (2004): Leadership theories: Overview. In: *Encyclopedia of Leadership.* Sage. www.sage-reference.com/leadership/article_n201.html, 25. November 2008.

Sparrowe, R. T. (2005): Authentic leadership and the narrative self. In: *The Leadership Quarterly,* 16, S. 419–439.

Tuckman, B. W. (1965): Developmental sequence in small groups. In: *Psychological Bulletin,* 63, S. 384–399.

Tuckman, B. W., Abry, D. A. & Smith, D. R. (2008): *Learning and motivation strategies: Your guide to success.* 2nd edition. Upper Saddle River: Pearson.

Van Dick, R. & West, M. A. (2005): *Teamwork, Teamdiagnose, Teamentwicklung.* Göttingen: Hogrefe.

Weber, M. (1922): Wirtschaft und Gesellschaft. Grundriß der verstehenden Soziologie. Tübingen: Mohr-Siebeck.

Woods, P.A. (2007): Authenticity in the bureau-enterprise culture: The struggle for authentic meaning. In: *Educational Management Administration & Leadership,* 35, S. 295–320.

Wunderer, R. (2007): *Führung und Zusammenarbeit. Eine unternehmerische Führungslehre.* Köln: Luchterhand.

Yukl, G. (2010): *Leadership in Organizations.* Seventh Edition. Boston: Pearson.

Teil 4 Motivation, Macht und Psyche

Maria Stippler, Seth Rosenthal, Sadie Moore

1 Einleitung

In diesem Teil werden einzelne Aspekte des Phänomens Führung genauer betrachtet und psychologische Forschungen und Theorien dazu dargestellt. Zu Beginn wird auf das im Zusammenhang mit Führung wichtige Thema Motivation eingegangen. Verschiedene Theorien und Ansätze zu Führung und Motivation werden beschrieben; es wird aber auch kritisch hinterfragt, inwieweit eine Führungskraft überhaupt motivieren kann und muss.

Ein weiteres zentrales Thema im Kontext von Führung – Macht – wird im Zusammenhang mit Mikropolitik näher beleuchtet.

Der letzte Abschnitt umfasst eine Darstellung psychologischer Ansätze zur Führung, damit wird auf die Psyche bzw. wieder auf die Persönlichkeit des Führenden Bezug genommen.

2 Motivation

Die beiden Phänomene Führung und Motivation sind eng miteinander verknüpft. Eine beide Bereiche integrierende, allgemeine Theorie der Führung und der Motivation gibt es allerdings bisher nur in Ansätzen (vgl. Kerschreiter et al. 2006). Ein Beispiel einer solchen Theorie, die Weg-Ziel-Theorie, wurde bereits in Teil 1 beschrieben. Auch die Transformationale Führung bezieht in Ansätzen Motivation in das Modell mit ein – sollen doch die Geführten durch die Vision und das Charisma des Geführten begeistert werden.

Im folgenden Abschnitt werden zuerst die Bedürfnishierarchie von Maslow und das Rubikonmodell von Heckhausen und Gollwitzer dargestellt, anschließend das Kompensationsmodell von Motivation und Wille nach Hugo Kehr und das Prinzipienmodell der Führung von Dieter Frey. Die beiden letztgenannten Modelle geben

Hinweise, wie die Motivation der Mitarbeiter durch Führung gesteigert werden kann. Kehr plädiert dabei vor allem für das Kommunizieren einer bildhaften Vision, um neben Zielen auch affektive Motive und Fähigkeiten anzusprechen. Frey nennt zehn zentrale Prinzipien, die Führung umfassen soll. Abschließend wird der Ansatz Reinhard Sprengers, der das Konzept Motivation scharf kritisiert und als schädliche Manipulation ansieht, zusammengefasst.

Die Motivation der Geführten – Maslows Bedürfnispyramide

Nach Abraham Maslow (1954) werden Individuen durch hierarchisch geordnete Bedürfnisse motiviert. Diese Bedürfnisse werden in ihrer hierarchischen Abfolge in der *Bedürfnispyramide*, siehe Abbildung 15, dargestellt. Die Basis bilden physiologische, also körperliche Bedürfnisse wie beispielsweise Nahrung, Unterkunft und Gesundheit. Darauf aufbauend folgen Sicherheitsbedürfnisse, wie beispielsweise das Bedürfnis nach Schutz, Recht und Ordnung, aber auch nach einem geregelten Einkommen. Erst wenn diese Grundbedürfnisse befriedigt sind, versuchen Individuen soziale Bedürfnisse, also die nach Familie, Freunden und Partnerschaften, zu erfüllen. Die nächste Stufe in der Bedürfnishierarchie bilden komplexere Bedürfnisse, wie bei-

Abbildung 15: Bedürfnispyramide

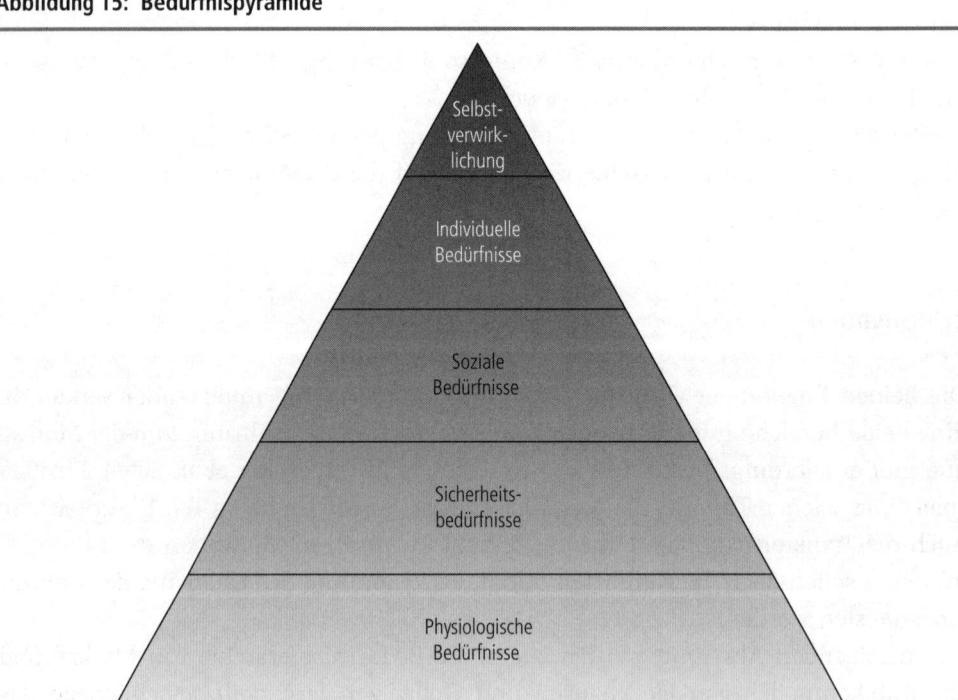

Quelle: Eigene Darstellung nach Maslow (1954)

spielsweise der Wunsch, einen höheren Status zu erlangen, Anerkennung und Wertschätzung zu erfahren, Wohlstand und Erfolg. Die Spitze der Bedürfnispyramide bildet das Bedürfnis nach Selbstaktualisierung durch Individualität und Talententfaltung, der Wunsch, sich selbst zu verwirklichen.

Aus dieser Bedürfnishierarchie kann abgeleitet werden, dass Führungskräfte zuerst die grundlegenden Bedürfnisse ihrer Unterstellten befriedigen müssen, wie beispielsweise ein sicheres Umfeld und, sofern möglich, ein regelmäßiges Einkommen, bevor sie sie zur Erfüllung höherer Bedürfnisse anspornen können.

Das Rubikonmodell

Den Kern dieses Modells bildet die Unterscheidung zwischen den zwei Bewusstseinslagen »Motivation« als Prozess der Zielsetzung und »Volition« als Prozess der Zielverfolgung. Der Übergang von Motivation zu Volition wird als »Überquerung des Rubikons« bezeichnet. Das Rubikonmodell der Handlungsphasen unterscheidet vier verschiedene Phasen: die prädezisionale Motivationsphase, in der der Entschluss zu einer bestimmten Zielintention getroffen wird, die präaktionale Volitionsphase, in der die Handlung zur Erreichung der Zielintention geplant und vorbereitet wird, die aktionale Volitionsphase, in der die Handlung schließlich durchgeführt wird, und die abschließende postaktionale Motivationsphase, in der die erzielten Handlungsergebnisse bewertet werden (vgl. Heckhausen 2003; Gollwitzer 1995). Dieser Ablauf wird in Abbildung 16 dargestellt.

Problematisch ist an diesem Modell, dass es den Eindruck erweckt, jede Handlung folge quasi gesetzmäßig diesem Verlauf, denn Phasensprünge und Phasenüberlappungen sind durchaus möglich (vgl. Kehr 2004).

Abbildung 16: Das Rubikonmodell

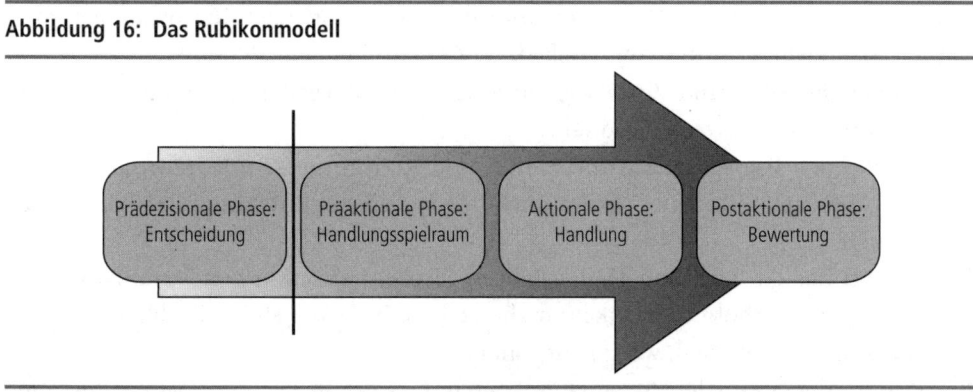

Quelle: Eigene Darstellung nach Heckhausen (2003) und Gollwitzer (1995)

Das Kompensationsmodell von Motivation und Wille

Das Kompensationsmodell von Motivation und Wille von Hugo Kehr beruht auf der Grundidee, dass Wille unzureichende Motivation kompensiert – d.h., umso weniger motiviert man ist, desto mehr Willen braucht man, um eine Aufgabe zu bewältigen. Das Modell wird auch 3K-Modell der Motivation genannt, da ihm zufolge optimale Motivation die Komponenten Ziele, affektive Motive und Fähigkeiten einschließt. Jede dieser Komponenten wird durch bestimmte Führungstechniken gefördert. Werden beispielsweise die Motive zu wenig angesprochen, so kann das Entwickeln einer Vision oder Motiv-passende Arbeitsgestaltung die Motivation verbessern. Werden die Ziele zu wenig angesprochen, hilft es, Ziele zu vereinbaren oder Anreize zur Zielbildung vorzugeben. Im Unternehmen sollte daher eine inspirierende Vision kommuniziert werden, die bildlich vorstellbar und möglichst multithematisch ist und mehr emotionale Tiefe erreicht als ein »kaltes Ziel«. Beim Kommunizieren dieser Vision ist zudem Authentizität besonders wichtig (vgl. Kehr 2004; Kehr 2008). Kehr, Bles und von Rosenstiel (1999) weisen außerdem darauf hin, dass die Motivation der Führungskraft selbst einen bedeutenden Stellenwert besitzt, da sie sich vor allem auf die Leistungsbereitschaft der Führungskraft, die Zuversicht und die Innovationsfähigkeit auswirkt.

Unter dem Titel »Motivation, leadership, and entrepreneurial success« leitet Hugo Kehr derzeit ein Forschungsprojekt an der Technischen Universität München. Im Zentrum des Projekts steht der Zusammenhang zwischen Persönlichkeitsmerkmalen und Unternehmenserfolg. Dazu werden implizite Motivdispositionen (z. B. Leistungsmotivation, Machtmotivation) mit objektiven Erfolgsfaktoren (Beförderung, Fluktuation, Absatz) verglichen.

Das Prinzipienmodell der Führung

Das Prinzipienmodell der Führung nach Dieter Frey umfasst die folgenden zehn Prinzipien, durch die die Motivation und die Innovation der Mitarbeiter gefördert werden sollen (vgl. Frey und Schmook 1995; Kerschreiter et al. 2006).
1. Prinzip der Sinn- und Visionsvermittlung: Alle Mitarbeiter können ihre Arbeit in ein sinnvolles Ganzes einordnen.
2. Prinzip der Transparenz (Information und Kommunikation): Information über den Arbeitsplatz hinaus, um verantwortlich und zukunftsorientiert handeln zu können.
3. Prinzip der Partizipation (Mitgestaltung, Dezentralisation von Verantwortung): Partizipation erhöht Identifikation, die Selbstständigkeit steigt, Probleme können dort analysiert werden, wo sie entstehen.
4. Prinzip der optimalen Stimulation durch Zielvereinbarungen (Messlatte): Zielvereinbarungen werden im Mitarbeitergespräch gemeinsam verhandelt und be-

ziehen sich auf Zeit, Kosten, Qualität, Flexibilität, Innovation und Produktivität, Unter- und Überforderung sollen vermieden werden.

5. Prinzip der konstruktiven Rückmeldung (Lob und Korrektur/Kritik): Führungskräfte müssen den Mut aufbringen, Kritik klar und konstruktiv mitzuteilen, aber auch zu loben.
6. Prinzip der positiven persönlichen Wertschätzung.
7. Prinzip der fachlichen und sozialen Einbindung.
8. Prinzip des persönlichen Wachstums (Kompetenzerweiterung, Karriere).
9. Prinzip des Vorbilds der Führungsperson (menschlich und fachlich).
10. Prinzip der fairen materiellen Vergütung.

Mythos Motivation?

Als Alternative zum Motivieren schlägt Reinhard Sprenger Führungskräften vor, sich den demotivierenden Faktoren, den Energieblockaden im Unternehmen zuzuwenden, die das Commitment der Mitarbeiter herabsetzen und damit den Unternehmenserfolg behindern, anstatt sich auf die Steigerung der Leistung Einzelner zu konzentrieren. Als Hauptursache für Demotivierung sieht er dabei das Verhalten der Führungskräfte, da vor allem die Beziehung zum direkten Vorgesetzten maßgeblich die Arbeitszufriedenheit beeinflusst. Weitere zentrale Punkte guter Führung sind, so Sprenger, Selbstrespekt und Respekt vor der Würde jedes einzelnen Menschen sowie das Recht der Führungskraft, deutliche Forderungen an die Mitarbeiter zu stellen, klare Vereinbarungen zu treffen und deren Einhaltung auch zu kontrollieren (vgl. Sprenger 2007).

Motivieren stellt für den Philosophen Sprenger »die massenhafte Verführung zur inneren Kündigung« dar. Motivieren an sich beschreibt er als Versuch der Manipulation, als Versuch, Mitarbeiter dazu zu bringen, etwas zu tun, das sie anscheinend von sich aus nicht tun würden. Im Wunsch nach Führungskräften, die motivieren können, sieht Sprenger daher implizit auch die Annahme versteckt, dass Mitarbeiter tendenziell nicht die Leistung erbringen wollen, die sie erbringen könnten. Der Versuch zu motivieren signalisiert mit anderen Worten Misstrauen und fehlenden Respekt, denn meist bleibt dabei ungefragt, warum die Mitarbeiter nicht mehr leisten wollen.

Die Motivationsstrategien sind nach Sprenger die fünf großen »B«: Belobigen, Belohnen, Bestechen, Bedrohen, Bestrafen. Alle führen früher oder später zu einem Sinken der Arbeitsmoral. So kann die Leistungsfähigkeit vielleicht kurzfristig durch Anreize (z. B. Prämien) gesteigert werden, langfristig hat dies aber zur Folge, dass die Mitarbeiter ohne beständige Anreize nicht mehr zu Leistung bereit sind – Unzufriedenheit entsteht. Sprenger zieht hier einen Vergleich zum Drogenkonsum, da durch Motivierung durch Belohnen oder Bestechen Bedürfnisse geschaffen werden, die nur für kurze Zeit und niemals ausreichend befriedigt werden (vgl. Sprenger 2007; Sprenger 1991).

Sprengers Ansichten können an diesem Punkt nicht ohne Kritik bleiben, denn er kritisiert zwar bei anderen Verallgemeinerungen, unterstellt aber, so Pinnow (2008), allen Mitarbeitern dieselben vorhersehbaren, unreflektierten Reaktionen. Führungskräfte werden pauschal als menschenverachtende Kapitalisten und Manipulierer beschrieben, egal welchen Führungsstil sie vertreten. Auch Gerhard Fatzer kritisiert, dass Sprenger »gegen den ganzen Psychoklamauk ins Feld [zieht], der zu Themen wie Führung, Motivation und Selbstverantwortung grassiert« (Fatzer 2001: 243). Dabei produziere er aber selbst »Psycho-Klamauk« und argumentiere »absolut unprofessionell und populärwissenschaftlich« (Fatzer 2001: 245).

3 Machttheoretische Aspekte: Mikropolitik

Der mikropolitische Ansatz steht zwischen der Idee der Steuerung durch einzelne rationale Akteure und dem systemischen Ansatz. Die Bedeutung des Handelnden wird zwar betont, es wird ihm aber nicht vollkommene Rationalität unterstellt. Die Wichtigkeit apersonaler Strukturen und Institutionen wird anerkannt, gleichzeitig jedoch angenommen, dass die organisationalen Steuerungsprinzipien widersprüchlich angelegt sind und dadurch individuelles Eingreifen bedingt wird (vgl. Neuberger 2006). Neuberger kritisiert, dass die Frage nach optimaler Führung oft als technisches Optimierungsproblem dargestellt wird. Führung ist jedoch meist dadurch gekennzeichnet, dass

- man nicht alle Handlungsmöglichkeiten kennt und berücksichtigen kann,
- man keine abschließenden Informationen über zukünftige Ereignisse und ihre Eintretenswahrscheinlichkeit hat,
- meist kein stabiles, konsistentes, klar definiertes Zielsystem vorliegt,
- die Zurechnung von Werten zu Ergebnissen mehrdeutig ist,
- keine eindeutigen Entscheidungsregeln vorgeschrieben sind
- und Erfolg meist von mehreren Interessenten beurteilt wird, die Bewertungs- und Zuschreibungsdifferenzen aufweisen.

Führung ist somit selbst ein (mikro-)politisches Problem (vgl. Neuberger 2002; 2003; 2006).

Der Begriff »Mikropolitik« geht auf Burns (1962) zurück. Im deutschen Sprachraum hat sich vor allem Oswald Neuberger für die Verbreitung dieses Ansatzes eingesetzt. Er definiert Mikropolitik als »das Arsenal jener alltäglichen ›kleinen‹ (Mikro!-) Techniken, mit denen Macht aufgebaut und eingesetzt wird, um den eigenen Handlungsspielraum zu erweitern und sich fremder Kontrolle zu entziehen« (Neuberger 2002: 685), bzw. in Anlehnung an Burns (1962), dass »mikropolitisch handelt, wer durch die Nutzung Anderer in organisationalen Ungewissheitszonen eigene Interessen verfolgt« (Neuberger 2006: 18).

Macht ist in Organisationen unausweichlich, und somit werden Organisationen zu »Handlungsfeldern mit Eigensinn« (vgl. Bardmann & Groth 2001). Mikropolitik ist kein Störfall im Unternehmen, sondern eine Bedingung für das Funktionieren und somit auch eine Realität der Führung. Neuberger nennt die folgenden acht Bedingungen für Mikropolitik im Unternehmen, auf denen jeweils unterschiedliche Taktiken aufbauen: Intersubjektivität und Multipersonalität, Interessen und Konflikte, Macht, Interdependenz, Ambiguität und Spielräume, Zeit, Legitimität und Ordnung sowie Handlungszwang und Handlungslust (vgl. Neuberger 2002). Zu den Taktiken zählen u.a. Informationskontrolle, Selbstdarstellung, das Erzeugen von Handlungsdruck, Begeistern, rationales Vorgehen, Koalition und Partizipation, Belohnen und Beraten (vgl. Neuberger 2003).

4 Psychologische Ansätze der Führung

Vertreter unterschiedlicher Bereiche der Psychologie haben sich mit dem Phänomen Führung auseinandergesetzt und Theorien und Modelle dazu entwickelt. In diesem Abschnitt werden einige dieser Ansätze dargestellt. Als Erstes werden psychodynamische und psychoanalytische Ansätze zu Führung beschrieben. Diese Ansätze sind vor allem durch das Interesse an der Persönlichkeit der Führenden und Geführten wie auch an der Dynamik der Interaktion aller Beteiligten gekennzeichnet. Als Nächstes wird das Konzept der sozialen und emotionalen Intelligenz von Howard Gardner vorgestellt. Dieses Konzept beschreibt die Fähigkeit, soziale Dynamiken wahrzunehmen. Die Attributionstheorie zeigt auf, welche Bedeutung innere Bilder und Schemata auf die Bewertung von Führungskräften haben. Als letzte Theorie wird schließlich das Positive Organisationale Verhalten beschrieben, das sich aus der Positiven Psychologie entwickelt hat.

Psychodynamische Führungsansätze

Ernest Stech (2007) argumentiert, dass Führungskräfte effektiver sind, wenn sie Einsicht in ihre eigene psychologische Substanz und die ihrer Unterstellten erlangen. Er gibt an, dass das Modell, das Führungskräfte nutzen, um zu derartigen Einsichten zu gelangen, nicht so wichtig sei wie der Nutzen, der aus dem Verstehen von Bedürfnissen, Persönlichkeiten, Veranlagungen und emotionalen Reaktionen entsteht.

Die psychodynamischen Ansätze basieren auf der Arbeit von *Sigmund Freud*, dem Begründer der Psychoanalyse. Dieser geht davon aus, dass Emotionen und die Persönlichkeit eine bedeutsame Rolle in der Beziehung zwischen Führungskraft und Geführten einnehmen. Freud legt dar, dass der Einfluss der Führungskraft stärker auf Emotionen als auf rationalen Entscheidungen basiert (vgl. Sorenson & Goethals 2004). Psychodynamische Ansätze postulieren, dass unterschiedliche Persönlichkeitstypen besser zu bestimmten Situationen passen. Führungskräfte sollten daher bemüht sein, ihre eigenen Persönlichkeitscharakteristika zu verstehen und Führungskontexte zu schaffen, die besonders gut zu diesen Persönlichkeitseigenschaften passen. Aufbauend auf diesen Annahmen wurden verschiedene Instrumente zur Messung von Persönlichkeitsmerkmalen angewandt, die Führungskräften helfen sollen, ihre eigene Persönlichkeit zu verstehen.

Das bekannteste Modell hierbei, entlehnt aus der Differentiellen Psychologie, ist das *Fünf-Faktoren-Modell*. Zu den sogenannten Big Five, also den fünf Faktoren, die zur Beschreibung einer Persönlichkeit am aussagekräftigsten sind, zählen demnach (vgl. Pervin 2000):

1. Neurotizismus vs. emotionaler Stabilität
2. Feindseligkeit vs. Liebenswürdigkeit
3. Mangelnde Zielvorstellungen vs. Gewissenhaftigkeit
4. Introversion vs. Extraversion
5. Verschlossenheit vs. Offenheit gegenüber neuen Erfahrungen

Diese fünf Faktoren sind jeweils auf einem Kontinuum angeordnet und können mit dem NEO-Fünf-Faktoren-Inventar (NEO-FFI) nach Costa und McCrae erfasst werden.

Eine weitere Möglichkeit zur Erfassung der Persönlichkeit ist der Myers-Briggs-Typenindikator (MBTI), der auf der Persönlichkeitstheorie des Psychoanalytikers C. G. Jung basiert.

Vertreter der psychodynamischen Ansätze argumentieren, dass Führungskräfte, die ihre eigene Persönlichkeit und Absichten kennen als auch die Persönlichkeiten und Absichten der Geführten, die Stärken ihrer Geführten fördern und ihre Schwächen ausgleichen können. Das Wissen, wie unterschiedliche Persönlichkeitstypen interagieren und was unterschiedliche Menschentypen brauchen, um erfolgreich zu sein, bietet eine Möglichkeit zur Analyse und zur Verbesserung von Arbeitsbeziehungen.

Der psychodynamische Ansatz geht des Weiteren davon aus, dass Führungskraft und Geführte Schlüsselfiguren im Führungsprozess sind.

Kritiker bemängeln, dass dieser Ansatz kein universelles, standardisiertes Messinstrument zur Verfügung stellt. Der psychodynamische Ansatz wird des Weiteren meist von Menschen abgelehnt, denen die Idee, »einem Typ zugeordnet zu werden«, missfällt. Außerdem werden der organisationale Kontext und Organisationsvariablen nicht berücksichtigt.

Manfred Kets de Vries, der Hauptvertreter psychodynamischer Führungsansätze im europäischen Raum, plädiert in seinem interaktiven Führungsansatz vor allem für Selbstbeobachtung und Selbstreflexivität der Führungskräfte und betont die Notwendigkeit emotionaler Intelligenz für effektive Führung. Bezugnehmend auf die Psychoanalyse führt er den Begriff der Übertragung in seine Führungs- und Organisationstheorie ein. Sein Ansatz zeichnet sich vor allem durch die ganzheitliche Betrachtung der Menschen (sowohl der Führenden als auch der Geführten) aus. Er betont, dass jedes Verhalten einen Grund hat. Dieser kann jedoch im Unbewussten liegen, durch frühere Erfahrungen bedingt und daher nicht direkt beobachtbar sein (vgl. Kets de Vries 1994, 2006).

Auch Lutz von Rosenstiel mahnt, dass Führungskräfte sowie die von ihnen Geführten nicht immer rational und bewusst handeln, sondern dass sich häufig auch irrationale Prozesse abspielen, die sich manchmal sogar dem Verständnis der Handelnden selbst entziehen. Besonders in Konfliktsituationen sind diese irrationalen und unbewussten Anteile des Verhaltens durch die Aktivierung verschiedener Abwehrmechanismen (Verdrängung, Kompensation, Verschiebung, Aggression, Projektion, Identifikation, Flucht in Fantasien, Resignation, Selbstbeschuldigung, Fixierung) von Bedeutung. Umso umfassender das Wissen der Führungskraft um diese Mechanismen und die eigenen unbewussten Anteile ist, desto besser können Führungskräfte ihr eigenes Verhalten und das ihrer Mitarbeiter verstehen und entsprechend reagieren (vgl. von Rosenstiel 2003).

Kets de Vries geht davon aus, dass der individuelle Führungsstil durch die zentralen Bedürfnisse, Wahrnehmungsmuster und Kompetenzen der Person bestimmt wird. Gute Führungskräfte besitzen demnach persönliche Kompetenzen (z. B. Erfolgsorientierung, Selbstvertrauen, Fähigkeit zur Selbstbeobachtung), soziale Kompetenzen (z. B. Einfluss, Empathie) und kognitive Kompetenzen (z. B. analytische Fähigkeiten), wobei besonders die Fähigkeit zur Selbstbeobachtung eine entscheidende Rolle spielt.

Kets de Vries analysiert weiter, mit welchen speziellen Belastungen Führungskräfte oftmals noch konfrontiert sind: die Einsamkeit der Machtposition, Neid, die Angst, die Machtposition wieder zu verlieren, und eine persönliche Ziellosigkeit, falls sie all ihre Ziele erreicht haben. Hinzu kommt häufig, dass sie sich ausgebrannt und nicht mehr so leistungsfähig wie früher fühlen, weil sie oft jahrelang nicht darauf geachtet haben, ein ausgewogenes Leben zu führen. All diese Faktoren können zu einer Depression der Führungskraft führen. Als weiteres Problem identifiziert Kets de Vries das Phänomen der Übertragung: Es kann dazu führen, dass die Geführten die Führungskraft idealisieren und so deren Narzissmus fördern. Es ist wichtig zu betonen, dass Narzissmus nicht generell abzulehnen ist, sondern im Gegenteil eine treibende Kraft darstellt. Um den eigenen Narzissmus in Grenzen zu halten, empfiehlt er Führungskräften die »three H's of leadership: humility, humanity and a good sense of humor« (Kets de Vries 1994: 88).

Er betrachtet jedoch nicht nur die Führungskraft aus einer psychoanalytischen Perspektive, sondern auch die Organisation und das Wechselspiel zwischen (neurotischer) Führungskraft, den Geführten und der Organisation. So unterscheidet er fünf Arten neurotischer Organisationen: die dramatische (zyklothyme), die misstrauische, die zwanghafte, die depressive und die unnahbare Organisation (vgl. Kets de Vries 1989, 1994, 2004a, 2006).

Soziale und emotionale Intelligenz

Howard Gardner (1985) definiert soziale Intelligenz als die Fähigkeit die Stimmungen, die Absichten und die Motivation von anderen wahrzunehmen. Die Fähigkeit einer Führungskraft, konstant Informationen über soziale Dynamiken zu erfassen, erlaubt es der Führungskraft, adaptive Strategien im Umgang mit individuellen Persönlichkeiten und potenziellen Konflikten zu entwickeln (vgl. Brown et al. 2004). *Robert Sternberg* (1985) geht davon aus, dass das reine Verständnis dieses Phänomens nicht genug ist, effektive Führungskräfte müssen eine soziale Situation verstehen und danach handeln. Weitere Forscher argumentieren, dass erfolgreich Führende in der Lage sind, die Fähigkeit, soziale Situationen angemessen wahrzunehmen, mit einer Flexibilität im Verhalten zu kombinieren (vgl. Bass 2008).

Salovey und Mayer (1990) konzentrierten sich auf Emotionen als Bass für soziales Verhalten und schlugen vor, dass emotionale Intelligenz – die Fähigkeit die eigenen Emotionen und die Emotionen anderer zu entschlüsseln – die Entscheidungen und Handlungen von Führungskräften beeinflusst (vgl. Bass 2008).

Daniel Goleman (2001), einer der wichtigsten Forscher im Bereich der emotionalen Intelligenz, beschreibt diese als die Fähigkeit, Dinge positiv zu betrachten, Beziehungen zu verstehen und Konflikte zu schlichten. Seine Forschungen zu »mood contagion« (ansteckende Stimmung) führten ihn zu der Annahme, dass die Stimmung der Führungskraft und ihr Verhalten die Stimmung und das Verhalten aller anderen beeinflussen. Führungskräfte, die über ein hohes Ausmaß an emotionaler Intelligenz verfügen, schaffen Organisationen mit einem besonders hohen Niveau an Vertrauen und Mitarbeiterperformance. Führungskräfte mit geringer emotionaler Intelligenz können hingegen die Anspannung am Arbeitsplatz erhöhen und die Arbeitsmoral der Geführten reduzieren. Daher sollten Führungskräfte ihr eigenes Seelenleben erkunden und »managen«, denn die Hauptaufgabe von Führungskräften, so Goleman, ist emotionale Führung.

Kritiker bemängeln, dass dieser Ansatz nicht besonders gut definiert und ausgearbeitet sei, emotionale Intelligenz werde einerseits als angeborene Fähigkeit und andererseits als erlernbare Kompetenz beschrieben. Außerdem basiere dieser Ansatz zu sehr auf Selbstbeurteilungen.

Führungsschemata und die Attributionstheorie

Der Theorie der Führungsschemata oder impliziten Führungstheorie liegt die Annahme zugrunde, dass die meisten Menschen implizite Bilder und Ideen darüber haben, welche Charakteristika oder welches Verhalten eine Führungskraft ausmacht. Diese inneren Bilder sind die Grundlage für die Bewertung von Führungskräften (vgl. Sorenson & Goethals 2004). Jeder Mensch verfügt über individuelle Führungsschemata, die durch seine Umgebung und seine früheren Erfahrungen geprägt wurden.

Wenn das Verhalten oder die Eigenschaften einer beobachteten Person mit dem ver-
innerlichten Bild von Führung übereinstimmen, wird diese Person höchstwahrschein-
lich als Führungsperson angesehen, und auch andere, nicht beobachtete, aber zum
Schema gehörende Führungseigenschaften werden dieser Person zugeschrieben.

In zahlreichen psychologischen Forschungen wurden diese kognitiven Prozesse
und Führungsschemata untersucht. So zeigen die Studien von Lord et al. (1984), dass
das Bild von Führungskräften häufig durch die folgenden Eigenschaften gezeichnet
ist: kompetent, fürsorglich, ehrlich, verständnisvoll, aufgeschlossen, wortgewandt, bestimmt, aggressiv, entschlossen, engagiert, gebildet, freundlich und gut gekleidet.

Im Gegensatz dazu steht die soziale Identitätstheorie von Führung von *Hogg* (2001).
Diese Theorie geht davon aus, dass Führungsfähigkeiten denjenigen Personen zugeschrieben werden, die prototypisch für die soziale Identität ihrer eigenen Gruppe er-
scheinen. Sie fokussieren daher vor allem auf Eigenschaften, die die potenziellen
Führungskräfte mit ihnen gemeinsam haben, und auf Personen, mit denen sie sich
identifizieren können. Die Eigenschaften, die zum Ausüben von Führung notwendig
sind, treten dabei eher in den Hintergrund.

Führungskräfte verfügen auch über Schemata über ihre Geführten. *Green* und
Mitchell (1979) geben an, dass das Verhalten von Führungskräften häufig von ihren
Interpretationen und Annahmen über die Motive und Fähigkeiten ihrer Geführten
beeinflusst wird. Die Attributionstheorie erklärt, wie Führende und Geführte früheres
Verhalten und Annahmen über den Charakter ihres Gegenübers als Leitbild nutzen,
um gegenwärtige und zukünftige Umstände zu beurteilen. Wenn Situationen mit Eigenschaften der Person oder Motivation erklärt werden, spricht man von internaler
Attribution. Werden zur Erklärung von Situationen Faktoren von außen herangezogen, spricht man von externaler Attribution. Die Tendenz, Misserfolge sich selbst zu-
zuschreiben und den Einfluss der Situation in diesem Fall zu vernachlässigen, wird
als fundamentaler Attributionsfehler bezeichnet. Beispielsweise kann eine Führungskraft die frühere Leistung eines Mitarbeiters als Basis für die Beurteilung in einer
Konfliktsituation heranziehen. Wenn das frühere Verhalten des Mitarbeiters zu wünschen übrig ließ, ist die Wahrscheinlichkeit hoch, dass die Führungskraft die Schuld
für einen Misserfolg eher der Leistung des Mitarbeiters als der Situation zuschreibt,
sogar falls das Ereignis außerhalb des Einflussbereichs des Mitarbeiters liegt. Auch
von Seiten der Geführten kommt es zu Attributionen: Wenn eine Person ein Verhalten zeigt, das als Führung wahrgenommen wird, erwarten die Geführten Verhalten
dieser Art auch in Zukunft und schreiben der Person Führungseigenschaften zu, die
nicht unbedingt zutreffen müssen. Es wird empfohlen, dass effektive Führungskräfte
hinterfragen, warum welche Erklärung für Ereignisse herangezogen wird, und dass
sie versuchen, solche Urteile nicht übereilt zu treffen.

Durch das Anerkennen von Führungskräften sind Geführte auch dafür verantwortlich, dass der Führungskraft auch weiterhin die Fähigkeit zu führen gewährt
wird. Nachdem Führungskräfte effektiv gearbeitet haben und einen Nutzen für die
Gruppe geschaffen haben, können die Geführten ihnen die Fähigkeit zugestehen,

auch von den Gruppennormen abzuweichen, um Ziele zu erreichen, ohne mit Sanktionen rechnen zu müssen. Diesen Toleranzbereich nennt man Idiosynkrasiekredit (vgl. Sorenson & Goethals 2004). Dadurch erhalten Führungskräfte die Möglichkeit, innovative, neue Strategien für die Gruppe zu entwickeln, indem sie ihren Idiosynkrasiekredit nutzen. Dies kann bei Erfolg wiederum zu Anerkennung und einer Erweiterung dieses Toleranzbereichs führen. Bei Misserfolg ist es allerdings wahrscheinlich, dass die Gruppe keine weiteren Innovationen der Führungskraft unterstützt.

Positive Organizational Behavior (POB)

Die Ursprünge des Positive Organizational Behavior (Positives Organisationales Verhalten) liegen in der Positiven Psychologie, entwickelt 1998 von *Martin Seligman*. Die Positive Psychologie postuliert, dass Individuen gesunder und glücklicher sind und optimal funktionieren, wenn sie sich auf positive Ergebnisse anstatt auf negative Hindernisse konzentrieren. *Fred Luthans* (2002; 2006) übertrug diesen Ansatz auf die Führungsforschung und begründete so den Ansatz des positiven organisationalen Verhaltens. Dieser Theorie zufolge sollten sich Führungskräfte darauf konzentrieren, das »beste Selbst« ihrer Geführten hervorzurufen, »das Beste« aus ihnen herauszuholen, indem sie deren Stärken betonen und die Schwächen mäßigen. Auf individueller Ebene bedeutet dies, die Menschen darin zu unterstützen, positive Schlüsselattribute wie Nächstenliebe, Mut, Vergebung und Optimismus zu entdecken. Auf der organisationalen Ebene bedeutet dies, einen übergeordneten positiven Sinn vorzugeben, dass die Organisation zum Gemeinwohl beiträgt.

Luthans entwickelte gemeinsam mit Kollegen das Modell des positive psychological capital (positives psychologisches Kapital, Psycap), das aus vier Dimensionen besteht:

1. *Self-efficacy* (Selbstvertrauen, Selbstwirksamkeit): das Vertrauen der Menschen in sich selbst und in ihre Fähigkeiten, um spezielle Ziele zu erreichen
2. *Hope* (Hoffnung): ein positiver mentaler Zustand, in dem sich die Person motiviert fühlt und den Weg zur erfolgreichen Zielerreichung vor sich sieht
3. *Optimism* (Optimismus): erlaubt einer Person zu erkennen, was möglich ist und was nicht möglich ist
4. *Psychological resilience* (psychologische Resilienz): Fähigkeit, konstruktiv mit Stress umzugehen und sich von Konflikten oder Veränderungen zu erholen

Wenn es der Führungskraft gelingt, die positiven Effekte dieser vier Dimensionen zu vermitteln, führt dies zu positivem organisationalem Verhalten und damit auch zu höherer Leistung und gegenseitiger Unterstützung.

Positives organisationales Verhalten ist offen für Veränderung und Entwicklungen und kann durch individuelles Feedback kontinuierlich verstärkt werden. Individuen bewerten sich selbst mit Psycap und erhalten Rückmeldungen von ihren Kollegen und Führungskräften, damit sie noch besser zu einer erfolgreichen, flexiblen und veränderungsorientierten Organisation beitragen können.

Da es sich bei diesem Modell um einen »sehr jungen Ansatz« handelt, sind erste Forschungen zu seiner Effektivität erst im Gange.

5 Zusammenfassung

In diesem Teil wurden vor allem Beiträge der psychologischen Forschung zum Phänomen Führung betrachtet. Zuerst wurden einige ausgewählte Ansätze zur Motivation und zum Zusammenhang zwischen Führung und Motivation dargestellt. Als Nächstes folgte der mikropolitische Ansatz, in dem vor allem Macht ein zentrales Thema ist.

Bei den weiteren beschriebenen Ansätzen standen zunächst die persönlichkeitspsychologischen und psychodynamischen Ansätze und ihre Bedeutung für die Führungsforschung im Zentrum. Bei diesen Ansätzen rückt die Persönlichkeit der Führungsperson wieder stärker in den Blickwinkel. Der Hauptunterschied zu den personenzentrierten Führungstheorien, wie beispielsweise der Eigenschaftstheorie (siehe Kapitel 1), besteht aber vor allem darin, dass auch die Persönlichkeit der Geführten in die Überlegungen einfließt und vor allem das Zusammenspiel verschiedener Persönlichkeiten reflektiert wird. Den Abschluss bildeten sozialpsychologische Ansätze (Attributionstheorie) und das Positive Organisationale Verhalten, eine Entwicklung aus der Positiven Psychologie.

6 Ausblick

Im letzten Teil des Readers mit dem Titel »Leadership heute« wird zunächst die klassische Moderne der Führungsforschung dargestellt; dazu zählen beispielsweise Warren Bennis und Peter Drucker sowie Edgar Schein und Peter Senge. Anschließend stehen Ansätze zur ganzheitlichen und adaptiven Führung im Mittelpunkt. Nach einem Überblick über aktuelle Themen der Führungsforschung, wie beispielsweise Leadership und Leadership und Gender, werden Ergebnisse der kulturvergleichenden Führungsforschung dargestellt und die kulturellen Besonderheiten der deutschen Führungskultur beschrieben. Den Abschluss wird schließlich eine kurze Zusammenfassung aktueller Trends der Führungsforschung bilden.

7 Literatur

Bardmann, T. M. & Groth, T. (2001): Die Organisation der Organisation. Eine Einleitung. In: Bardmann, T. M. & Groth, T. (Hrsg.): *Zirkuläre Positionen 3. Organisation, Management und Beratung.* Wiesbaden: Westdeutscher Verlag, S. 7–20.

Bass, B. M. (2008): *The Bass handbook on leadership: Theory, research & managerial applications.* New York: Free Press.

Brown, D. J., Scott, K. A. & Lewis, H. (2004): Information processing and leadership. In: Antonakis, J., Cianciolo, A. T. & Sternberg, R. J. (Hrsg.): *The nature of leadership.* Thousand Oaks: Sage, S. 125–147.

Burns, T. (1962): Micropolitics: Mechanism of Institutional Change. In: *Administrative Science Quarterly*, 6, S. 257–281.

Fatzer, G. (2001): Zum Mythos Sprenger oder: die Banalisierung von Management. In: Bardmann, T. M. & Groth, T. (Hrsg.): *Zirkuläre Positionen 3. Organisation, Management und Beratung.* Wiesbaden: Westdeutscher Verlag, S. 244–246.

Frey, D. & Schmook, R. (1995): Zuküünftiges Ideenmanagement. Strategien zur Optimierung und Aktivierung des betrieblichen Vorschlagswesens. In: *Personalführung*, 28 (2), S. 116–125.

Gardner, H. (1985): *The mind's new science: A history of the cognitive revolution.* New York: Basic Books.

Gardner, H. (1995): *Leading minds: an anatomy of leadership.* New York: Basic Books.

Goleman, D., Boyatzis, R. & McKee, A. (2001): Primal Leadership: The hidden driver of great performance. In: *Harvard Business Review*, 79 (11), S. 41–51.

Gollwitzer, P. M. (1995): Das Rubikonmodell der Handlungsphasen. In: *Enzyklopädie der Psychologie.* Teilband C/IV/4: Motivation, Volition und Handeln, S. 531–582.

Green S.G. & Mitchell, G.R. (1979): Attributional processes in leader-member interactions. In: *Organizational Behavior and Human Performance*, 23, S. 429–458.

Heckhausen, H. (2003): *Motivation und Handeln.* Berlin: Springer.

Hogg, M.A. (2001): A social identity theory of leadership. In: Personality and Social Psychology Review, 5, S. 184–200.

Kehr, H. M. (2004): *Motivation und Volition.* Göttingen: Hogrefe.

Kehr, H. M. (2008): Für Veränderungen motivieren mit Kopf, Bauch und Hand. In: *OrganisationsEntwicklung*, 3, S. 23–30.

Kehr, H. M., Bles, P. & Rosenstiel, L. von (1999): Motivation von Führungskräften: Wirkung, Defizite, Methoden. Ergebnisse der Befragung von Personalentwicklern. In: *Zeitschrift Führung und Organisation*, 68 (1), S. 4–9.

Kerschreiter, R., Brodbeck, F. C. & Frey, D. (2006): Führungstheorien. In: Bierhoff, H. W. & Frey, D. (Hrsg.): *Handbuch der Sozialpsychologie und Kommunikationspsychologie.* Göttingen: Hogrefe, S. 619–628.

Kets de Vries, M. F. R. (1989): *Chef-Typen. Zwischen Charisma und Chaos, Erfolg und Versagen.* Wiesbaden: Gabler.

Kets de Vries, M. F. R. (1994): The leadership mystique. In: *Academy of Management Executive*, 8 (3), S. 73–92.

Kets de Vries, M. F. R. (2004): Chefs auf die Couch. In: *Harvard Business Manager*, 4, S. 62–73.

Kets de Vries, M. F. R. (2006): The *leader on the Couch. A clinical approach to changing people and organizations*. San Francisco: Jossey-Bass.

Kets de Vries, M. F. R. (2008): *Führer, Narren und Hochstapler. Die Psychologie der Führung*. 2., aktualisierte Auflage 2008.

Lord, R.G.; Foti, R. J. & DeVader, C. L. (1984): A test of leadership categorization theory: Internal structure, information processing, and leadership perceptions. In: *Organizational Behavior and Human Performance*, 34, S. 343-378.

Luthans, F. (2002): Positive organizational behavior. In: *Journal of Organizational Behavior*, 23, S. 695–706.

Luthans, F. (2006): *Psychological capital: Developing the human competitive edge*. Oxford: Oxford University Press.

Maslow, A. H. (1954): *Motivation and personality*. New York: Harper & Row.

Neuberger, O. (2002): *Führen und führen lassen*. Stuttgart: UTB.

Neuberger, O. (2003): Mikropolitik. In: Rosenstiel, L. von, Regnet, E. & Domsch, M. (Hrsg.): *Führung von Mitarbeitern. Handbuch für erfolgreiches Personalmanagement*. Stuttgart: Schäffer-Poeschel, S. 41–49.

Neuberger, O. (2006): *Mikropolitik und Moral in Organisationen*. Stuttgart: UTB.

Pervin, L. A. (2000): *Persönlichkeitstheorien*. 4. Auflage. München: Ernst Reinhard.

Pinnow, D. F. (2008): *Führen. Worauf es wirklich ankommt*. Wiesbaden: Gabler.

Rosenstiel, L. von (2003): Tiefenpsychologische Grundlagen der Führung von Mitarbeitern. In: Rosenstiel, L. von, Regnet, E. & Domsch, M. (Hrsg.): *Führung von Mitarbeitern. Handbuch für erfolgreiches Personalmanagement*. Stuttgart: Schäffer-Poeschel, S. 27–40.

Salovey, P. & Mayer, J. D. (1990): Emotional intelligence. In: *Imagination, Cognition, and Personality*, 9, S. 185–211.

Seligman, M. E. P. (1998): *Learned optimism: How to change your mind and your life*. New York: Pocket Books.

Sorenson, G. & Goethals, G. (2004): Leadership theories: Overview. In: *Encyclopedia of Leadership*. Sage. www.sage-reference.com/leadership/article_n201.html, 25. November 2008.

Sprenger, R. K. (1991): Mythos Motivation. In: *gdi-Impuls* 3, S. 3–11.

Sprenger, R. K. (2007): Mythos Motivation: Wege aus einer Sackgasse. Frankfurt am Main: Campus.

Stech, E. (2007): Psychodynamic Approach. In: Northouse, P. G. (Hrsg.): *Leadership: Theory and practice*. Thousand Oaks: Sage, S. 237–264.

Sternberg, R. (1985): *Beyond IQ*. Cambridge: Cambridge University Press.

Teil 5 Leadership heute

Maria Stippler, Seth Rosenthal, Sadie Moore, Tina Dörffer

1 Einleitung

Im vorliegenden Kapitel werden zunächst die »jüngsten« Theorien zur Beschreibung effektiver Führung zusammengefasst. Zuerst werden aktuelle Ansätze dargestellt, in deren Zentrum die Führungsperson steht, anschließend der Netzwerkansatz zu Führung und ganzheitliche Führungsansätze. Nach einem Überblick über aktuelle Forschungsthemen folgt eine Beschreibung kultureller Unterschiede zwischen Deutschland und den USA bzw. von Besonderheiten der deutschen Führungskultur. Den Abschluss bilden schließlich eine kurze Zusammenfassung und Empfehlungen, die aus den beschriebenen Theorien der Führungsforschung abgeleitet werden können.

2 Die Führungskraft: klassische Moderne

Im folgenden Abschnitt werden einige Führungsansätze beschrieben, die in jüngster Vergangenheit entwickelt wurden. Viele dieser Modelle sind (noch) nicht empirisch fundiert. Trotzdem bieten sie hilfreiche Strategien für Führungskräfte, um ihre Kernkompetenzen in der Beziehung zu sich selbst, in der Interaktion mit den Geführten und hinsichtlich der Entwicklung einer organisationalen Vision zu entfalten. Viele dieser Ansätze fokussieren auf die Entwicklung eines ganzheitlichen Verständnisses des eigenen Selbst, der eigenen Werte, Stärken und Schwächen. Auf den ersten Blick wirken diese Ansätze daher sehr stark auf die Führungskraft bezogen und erinnern an die im ersten Abschnitt beschriebenen Theorien. Vertreter dieser Ansätze argumentieren aber, dass ein ganzheitliches Selbstverständnis der Führungskraft einen notwendigen ersten Schritt in Richtung effektiver Führung darstellt. Eine Führungskraft, die einen harten, aufrichtigen und gründlichen Selbsterfahrungsprozess durchlaufen hat, ist besser vorbereitet, mit den Geführten eine tiefe und gemeinschaftliche Verbindung einzugehen.

Finding a voice

Eine *klare Identität* zu entwickeln ist eine wichtige, notwendige Aufgabe für viele Führungskräfte. Frances Hesselbein schrieb dazu einmal: »Leadership is a matter of how to be, not how to do it.« Es geht also nicht darum, sich wie eine Führungskraft zu verhalten, sondern eine Führungskraft zu sein. Zahlreiche Texte zu Führung ermutigen Führungskräfte, ihren »Kern« zu entdecken und ihm Ausdruck zu verleihen, die eigene Stimme zu finden. 1989 veröffentlichte *Warren Bennis* den richtungweisenden Text »On Becoming a Leader«, in dem er argumentiert, dass »becoming a leader is synonymous with becoming yourself. It's precisely that simple, and it's also that difficult« (S. 9). Mit anderen Worten, eine Führungskraft muss ihren inneren Kern finden, echt sein, authentisch sein, und das ist einerseits ganz einfach und andererseits sehr schwierig. Er vertritt des Weiteren die Ansicht, dass Führungspersonen gemacht und nicht geboren werden. Eine Führungsperson zu werden setzt einen Prozess voraus, der Selbstkenntnis, Beherrschung des Kontexts und Wissen über die Welt umfasst. Er zeigt auf, dass Führung keiner geraden Bahn folgt, sondern es sich um einen kontinuierlichen, lebenslangen Prozess handelt, bei dem der Führende ein klares Bild seiner inneren Stimme, seiner Leidenschaften, Werte und persönlichen Ziele entwickelt.

Joseph Jaworski (1996) argumentiert ähnlich, dass Führung damit beginnen sollte, dass »das wahre, innere Selbst« erforscht und entwickelt wird. Dies kann vor allem durch das bewusste Wahrnehmen der inneren Stimme, der Intuition und der Instinkte erreicht werden. Wenn eine Führungskraft dieser inneren Stimme folgen kann, kann sie eine produktive Zukunft gestalten. Jaworski betont weiter, dass diese Zukunft in Verbindung mit servant leadership (siehe Teil 3) besonders tief greifend und wirkungsvoll sein wird.

Bennis stellt fest, dass sich die »Stimme« einer Führungskraft häufig in Krisensituationen, sozusagen in Feuerproben, zeigt. In »Geeks and Geezers« (2002, gemeinsam mit Robert Thomas) werden die Ergebnisse von Interviews mit über 70-jährigen Führungskräften und, die jünger als 35 Jahre sind, dargestellt. Es zeigt sich, dass die meisten Führungskräfte ein sehr einschneidendes, veränderndes, oft sehr schwieriges Erlebnis in ihrem Leben hatten und daraus mit neu gewonnenen Fähigkeiten hervorgingen. Sie hatten eine größere Bedeutung entdeckt und eine Vision, sie entwickelten die Fähigkeit, andere in diese Bedeutung mit einzubeziehen, sowie Werkzeuge, um zu lernen und zu führen, die nicht mit bloßer Intelligenz zu erklären sind. Eines dieser Werkzeuge, die Bennis und Thomas fanden, ist Anpassungsfähigkeit, die Fähigkeit, das Leben weiterzuleben, trotz der Veränderungen und Verluste, die es mit sich bringt. Diese Anpassungsfähigkeit erlaubt es Führungskräften, schwierige Herausforderungen zu meistern, ohne durch sie gezeichnet zu werden. Diese Führungskräfte versuchen aktiv aus Krisen neue Fähigkeiten zu erwerben.

Stärken und Schwächen identifizieren

Peter Drucker und *Warren Bennis*, sowie andere, vertreten die Ansicht, dass eine zentrale Aufgabe einer Führungsperson Selbstmanagement ist. Im Text »The Effective Executive« (2006) schreibt Drucker, dass Führungskräfte ihre Stärken und Schwächen realistisch einschätzen müssen, damit sie sich darauf konzentrieren können, die »richtigen Dinge zu tun« und effektiv zu sein. Er beschreibt fünf Schlüsselfähigkeiten, die einer Führungskraft im Unternehmen helfen, Ziele zu erreichen:

1. Zeitmanagement
2. Entscheiden, welcher Beitrag für die Organisation geleistet werden soll, nachdem die Erwartungen der Organisation bezüglich der Ergebnisse abgeklärt wurden
3. Kenntnis der eigenen Stärken und der Stärken der Geführten und wie diese mobilisiert werden können
4. Setzen der richtigen Prioritäten
5. Wahl der richtigen Strategie, um sorgfältige Entscheidungen zu treffen, die eher auf Prinzipien als auf Konsens beruhen

Jede dieser Fertigkeiten basiert auf persönlicher Effektivität (»Effektivität heißt, die richtigen Dinge zu tun«), die eine Führungskraft durch die konsistente und kontinuierliche Wahrnehmung ihrer Werte und ihres produktiven als auch unproduktiven Verhaltens erreicht. Drucker erkannte, dass »Führung durch die Ergebnisse, nicht die Attribute definiert wird« (Leader to Leader Institute 2010), und erachtete die folgenden drei Fragen als die für das Management wichtigsten: »Worin besteht unser Geschäft?«, »Wer ist unser Kunde?« und »Worauf legt der Kunde Wert?« (Haas Edersheim 2007).

Die eigenen persönlichen Stärken selbst zu entdecken, kann schwierig sein. Zahlreiche Beiträge wurden mit dem Ziel verfasst, Führungskräfte bei diesem Schritt zu unterstützen. Die Gallup-Organisation entwickelte ein sehr populäres Tool, um Stärken und Talente aufzufinden. Der Clifton Strengths Finder analysiert Gedanken, Absichten und Verhalten, um aufzuzeigen, was gut gemacht wird, damit mehr davon gemacht werden kann. Dieses Messinstrument stellt Antworten zu zahlreichen Fragen zusammen, um die Top-Five-Stärken einer Person aus einem Pool von 35 möglichen Stärken zu identifizieren. Diese Stärken sind um Themen wie beispielsweise Leistung und Ideenentwicklung gruppiert. Der Strengths Finder hilft Führungskräften auch, erfolgreiche Strategien zu entwickeln, um diese Stärken umzusetzen, und bietet Unterstützung, um die anderen im Umfeld zu verstehen, die andere Stärken und Absichten haben. Letztendlich empfiehlt dieses Instrument, dass Führungskräfte sich darauf konzentrieren, ihre Stärken zu verbessern und zu maximieren, anstatt immer wieder auf Gebieten, in denen sie Schwächen zeigen, zu versagen. Zusätzlich werden die Geführten, dadurch dass die Führungskraft versucht, ihre Stärken zu finden und zu betonen, stärker eingebunden, und dies wirkt sich positiv auf den Erfolg der Organisation aus.

Schwächen zu verstehen, ermöglicht es einer Führungskraft, mögliche Hindernisse zu beseitigen, um sowohl persönliche als auch organisationale Effektivität sicherzustellen. Diese Schwächen können tief sitzende Überzeugungen, Sorgen, Unsicherheiten oder Annahmen sein, die die Werte und Ziele der Führungskraft untergraben.

In »Immunity to Change« beschreiben *Robert Kegan* und *Lisa Lahey* (2009) einen vierstufigen Ansatz, um Hindernisse zu erkennen und positive Verhaltensänderungen herbeizuführen. Diese vier Stufen umfassen das Bestimmen eines ehrlichen Ziels (wie der Wunsch, selbstsicherer zu sein), das Feststellen, was getan wird bzw. nicht getan wird, um dieses Ziel zu erreichen, welche anderen Verpflichtungen im Widerspruch zu diesem Ziel stehen (wie selbstschützende Verhaltensweisen) und die Annahmen, die letztendlich die Fähigkeit, das Ziel zu erreichen, behindern (wie das Bedürfnis, wichtig zu sein). Das Ziel dieser Übung besteht darin, diese Annahmen zu erkennen und Verhaltensweisen zu entwickeln, die diese Annahmen abschwächen.

Storytelling

Kognitive und konstruktivistische Ansätze richten den Blick darauf, wie Menschen über Führung denken und welche Bilder sie dazu konstruieren. Ein Forschungszweig untersuchte, welchen Einfluss die Worte und Geschichten von Führungskräften auf die Geführten haben. *Howard Gardner* (1995) argumentiert, dass die zentrale Komponente von Führung das Entwerfen, Erzählen und Verkörpern von Geschichten ist. Führungskräfte führen demnach über die Geschichten, die sie an ihr Umfeld richten. Erfolgreiche Führende sollen Geschichten, die einfach verstanden und geteilt werden können, zur Identität, sowohl über sich, soziale Bewegungen, Schlachten und Kriege, entwickeln.

Warren Bennis stimmt dieser Ansicht zu, da Geführte sich häufig an eine gute Geschichte aus dem Leben der Führungskraft oder an eine Vision erinnern, weniger dagegen an logistische Details. Er geht davon aus, dass gute Geschichten heute noch mehr gebraucht werden als früher, da es eine globale Krise der Führung und der Menschlichkeit gebe. Effektive Führungskräfte verleihen, so *Bennis* (1996), den formlosen Sehnsüchten und tiefen Bedürfnissen anderer Worte und schaffen so eine Gemeinschaft. Bennis und auch Gardner geben an, dass ein Führender sowohl Idealist als auch Pragmatiker sein sollte und die Geschichten auch diese beiden Faktoren enthalten sollten. Effektive Führende sind in der Lage, fesselnde Geschichten über sich selbst zu erzählen, sodass die Geführten sich selbst in die Geschichte einbringen und diese weiterentwickeln können. Die Organisation stellt schließlich die Gesamtheit der Geschichte, den Höhepunkt, dar.

Marshall Ganz (2009) beschreibt einen dreistufigen Ansatz, um eine Vision einerseits zu reflektieren und andererseits auch zu entwickeln. Es braucht dazu eine Geschichte »von sich selbst«, »von uns« und »von jetzt«. Eine Führungskraft muss ihre Motive, Absichten und Werte selbst kennen und in der Geschichte über sich selbst diese auch anderen weitergeben. Diese Geschichten sind, ähnlich wie bei Bennis und Thomas, persönlich erlebte Ereignisse, beziehen sich auf Momente, in denen eine Wahl getroffen wurde, Ereignisse, die eine Herausforderung für die Führungskraft darstellten, in denen sie etwas lernte und sich weiterentwickelte. Nachdem die Führungskraft die Geschichte über sich selbst und dadurch ihre Werte und Motive den Geführten vermittelt hat, wird gemeinsam eine »Geschichte von uns« gestaltet, die Geschichte von geteilten Werten und Ideen, wie diese Werte im Handeln verwirklicht werden können. Die »Geschichte von jetzt« drückt die Notwendigkeit aus, sofort zu handeln, appelliert an andere, sich auch zu beteiligen, und zeigt eine Strategie für den Fortgang auf. Diese Geschichten fördern die Verbindung von individuellen Identitäten und kollektiven Visionen sowie die Solidarität und können zum Handeln mobilisieren.

Organisationskultur

Edgar Schein definiert Kultur als »Muster gemeinsamer Grundprämissen, das die Gruppe bei der Bewältigung ihrer Probleme externer Anpassung und interner Integration erlernt hat.« Er vertritt die Ansicht, dass Führungskräfte ihre Aufmerksamkeit der Organisationskultur widmen sollten. Die Organisationskultur beinhaltet gemeinsame Traditionen, Geschichten, Sprache, Rituale als auch Normen, Standards und Werte. Zu den Ebenen der Kultur gehören Artefakte und Organisationsklima, bekundete Werte und wahrgenommene »Kultur« sowie als selbstverständlich angesehene, stillschweigende Grundprämissen. In »Organizational Culture and Leadership« (2004) beschreibt Schein drei organisationale Subkulturen:

1. *Operator:* Eine innerbetriebliche Kultur, die auf operativen Erfolg ausgerichtet ist.
2. *Engineering:* Beinhaltet die verschiedenen Funktionen der Designer, die die Kerntechnologien entwickeln.
3. *Executive:* Das Management und die direkt Unterstellten, berücksichtigt größere Probleme, die sich durch die Tätigkeit innerhalb einer weltweiten Leadership-Community ergeben.

Erfolgreiche Führungskräfte stellen sorgfältig fest, wie diese drei Subkulturen interagieren, und entwickeln Strategien, um alle an den übergeordneten Werten und Zielen der Organisation auszurichten.

Andere Führungsforscher und Praktiker vertreten die Ansicht, dass effektive Organisationen die internen Mentalitäten und Werte der Einzelnen mit der organisationalen und sozialen Kultur verbinden. Clemens und Mayer (1987) merken an, dass das antike Athen ein Modell für erfolgreiche Organisationskulturen bietet. Es war offen, demokratisch und optimistisch bezüglich der Fähigkeiten Einzelner, es förderte einen Sinn für Schönheit, Ausgeglichenheit und Zufriedenheit bei der Arbeit und im Leben, es begünstigte Innovationen, und es legte Wert auf die Angleichung der Interessen der Bürger mit den Interessen des Staates (vgl. Bass 2008).

Insgesamt sehen diese Theorien und Ansätze ganzheitliche Führung als wichtige Komponente für erfolgreiche Organisationen. Diese Ansätze definieren Führung außerhalb der traditionellen autoritären Strukturen und gehen davon aus, dass die besten Führenden ihre Abhängigkeit vom Status quo reduzieren, sowohl persönliche als auch geteilte Werte beachten, Mitglieder der Organisation und Stakeholder zur Partizipation einladen, die Organisation in einem größeren System betrachten, kreative, adaptive Prozesse zur Problemlösung entwickeln und auf eine gemeinschaftliche, sozial verantwortliche Zukunft hinarbeiten.

Die fünfte Disziplin

Peter Senge beschreibt in seinem Buch »The Fifth Discipline« (2006) fünf Disziplinen, die notwendig sind, um Harmonie und Kohärenz in Organisationen zu erreichen.

1. Führungskräfte sollten alle Mitglieder darin bestärken, dass sie die Organisation und den sozialen Kontext als Systeme mit tiefen Verbindungen und Interdependenzen betrachten. Diese Disziplin beruft sich, ebenso wie die Ansätze zur systemischen Führung, die in Teil 2 beschrieben wurden, auf die Systemtheorie.
2. Führungskräfte, aber auch andere Beteiligte, sollten über personal mastery (Selbstbeherrschung, Selbstmanagement) verfügen, das heißt kontinuierlich die persönliche Vision klären und vertiefen, Energien bündeln, Geduld entwickeln und die Realität objektiv wahrnehmen.
3. Führungskräfte sollten sich bewusst machen, wie sie die Welt begreifen, und versuchen, ihre mentalen Modelle zu verstehen, die tief verwurzelten Annahmen, Verallgemeinerungen oder Bilder, die unser Denken, unsere Sicht der Welt und unser Handeln beeinflussen.
4. Führungskräfte sollten gemeinsame, geteilte Visionen der Zukunft aufbauen, nicht ihre eigenen Visionen aufdrängen.
5. Führungskräfte sollten eine Kultur des team learning durch aktiven, kreativen Dialog aufbauen, damit Mitglieder ihre tief verwurzelten Annahmen aufgeben können und Abwehrmuster, die Lernen behindern, deutlich werden.

Senge vertritt die Ansicht, dass Führungskräfte, die andere ermutigen zu leben, als ob sie ein System wären, eine kritische Masse an interdependenten Systemen oder »strategischen Mikrokosmen« schaffen, die einen gesunden und produktiven Wandel erleichtern können. Organisationen, die systemisch denken, können einen Unterschied machen, indem kollektives Überdenken und Innovation erleichtert werden.

3 Ganzheitliche und adaptive Führung

Ken Wilber vertritt die Ansicht, dass Individuen von einer »integralen Theorie des Bewusstseins« profitieren können. Diese Annahme basiert auf seiner Beobachtung, dass jede Idee, jede Person, jedes Objekt gleichzeitig eine individuelle Entität als auch Teil eines größeren Ganzen ist. Menschen, die ihr individuelles Selbst, einschließlich der Brille, durch die sie die Welt betrachten und interpretieren, und die Art und Weise, wie sie zum großen Ganzen gehören, verstehen, verfügen auch über ein besseres Verständnis darüber, wie die verschiedenen Dimensionen von Gedanken, Existenz und Erfahrung zusammenwirken. Dies kann eine ganzheitliche Selbsterkenntnis als auch organisationales Problemlösen unterstützen.

Basierend auf einer kulturübergreifenden Untersuchung, wie Menschen ihr Weltbild organisieren, entwickelte Wilber (2000) das sogenannte 2 x 2-Modell (auch All Quadrants All Levels, AQAL genannt), das Individuen und Führungskräften helfen soll, umfassend, ganzheitlich und mit Perspektiven zu denken. Das Modell, das in Abbildung 17 dargestellt ist, besteht aus zwei sich kreuzenden Achsen. An den Endpunkten der einen Achse stehen Individualität und Kollektivismus, die Endpunkte der anderen Achse sind Subjektivität und Objektivität. Durch diese Achsen werden vier Quadranten bezeichnet. Jeder Quadrant steht für eine mögliche Art von interpersonellen und Verhaltenstendenzen.

1. *Die subjektive innere Welt:* Der Quadrant oben links beschreibt Personen, die sich besonders an ihren eigenen Gedanken, Überzeugungen und Werten orientieren, Aufrichtigkeit und Integrität sind ihnen wichtig.
2. *Die objektive äußere Welt:* Der Quadrant oben rechts beschreibt Personen, die ihr Verhalten nach der Kommunikation mit anderen ausrichten.

Abbildung 17: AQAL-Modell

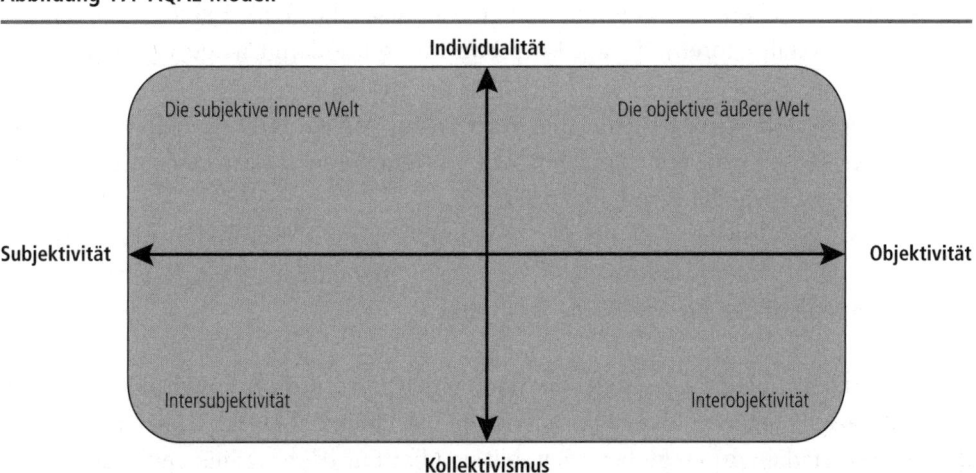

Quelle: Eigene Darstellung nach Wilber (2000)

3. *Intersubjektivität:* Der Quadrant unten links beschreibt Personen, die Gerechtigkeit und gegenseitiges Verständnis schätzen.
4. *Interobjektivität:* Der Quadrant unten rechts beschreibt Personen, denen vor allem das Funktionieren innerhalb sozialer Systeme wichtig ist.

Das Modell verknüpft die subjektive innere Welt einer Person (Werte und Gefühle), die intersubjektive Welt (die gemeinsame Kultur), die objektive Welt (Verhalten) und die interobjektive Welt (soziale Systeme). Jede Person kann sich in einem unterschiedlichen Entwicklungsstadium in jedem dieser vier Quadranten befinden. Wilber ermutigt Führungskräfte, die dieses AQAL-Modell nutzen, die komplementäre Natur der vier Quadranten und die Verbindungen zwischen diesen zu betrachten, um ganzheitlich zu führen.

Bill Joiner und *Stephen Josephs* vertreten die Ansicht, dass die wachsende Komplexität, die Vernetzung und das Tempo von Veränderung in der heutigen globalen Führungskultur, die Kapazitäten von Führungskräften strapaziert. In ihrem Buch »Leadership Agility« (2007) beschreiben sie einen Führungsansatz, der Problemlösen, emotionale Intelligenz und strategisches Denken mit dem, was sie *leadership agility* (Führungsagilität) nennen, verbindet. Ähnlich dem Konzept der persönlichen Anpassungsfähigkeit von Bennis und Townsend geben Joiner und Josephs an, dass die Kernkompetenzen von Führungskräften darin bestehen, sich schnell an Veränderungen anpassen zu können, Führungsherausforderungen als Möglichkeiten für persönliches Wachstum zu nutzen, neue Problemlösestrategien einzuführen und zu verstehen, dass soziale Verantwortung organisationale Effektivität steigert.

Joiner und Josephs nennen fünf Level der Führungsagilität:

1. *Experts* (Experten), die motiviert sind, gegenstandsbezogene Expertise zu erwerben, und exzellente Problemlöser sind.
2. *Achiever* (Erfolgstypen), die motiviert sind, Ergebnisse zu erreichen, die von der Organisation gewünscht werden, und gute strategische Denker sind.
3. *Catalysts* (Katalysatoren), die auf Mitbestimmung und langfristige Visionen ausgerichtet sind.
4. *Co-creators* (Mit-Schöpfer), die die Vernetzung von Organisationen und Gesellschaft verstehen und aktiv danach streben, mit anderen zusammenzuarbeiten und sozial verantwortliche Resultate zu erzielen.
5. *Synergists* (Synergisten), die in der Lage sind, während Konflikten und Veränderungen ganz präsent und mittig zu sein und ganzheitliche, positive Lösungen für anscheinend unlösbare Probleme zu finden.

Diese unterschiedlichen Levels stellen Stadien der persönlichen Entwicklung dar. Joiner und Josephs betonen, dass alle Individuen das Potenzial besitzen, sich sequentiell durch diese Stadien durch zu bewegen, bis sie über Führungsagilität verfügen.

Otto Scharmer plädiert ebenfalls für ein tiefes Verständnis des eigenen Selbst in Zusammenhang mit größeren Systemen. In seinem Buch »Theory U: Leading from the Future as it Emerges« (2007) vertritt er die Ansicht, dass die Quelle von Führung, also dass, was einen Führenden ausmacht, der »innere Ort«, von dem aus der Führende handelt, genauso wichtig ist wie das, was eine Führungskraft macht und wie sie es macht. Zwei Führungskräfte können demnach in derselben Situation dasselbe tun, aber trotzdem ein unterschiedliches Ergebnis erreichen, weil sie sich darin unterscheiden, was sie sind und wie sie die Situation deuten. Diese innere Dimension, diese source (Quelle), ist meistens ein blinder Fleck im Selbstverständnis der Führungskraft und der Organisation. Sie können ihre eigenen gewohnten Verhaltens- und Aufmerksamkeitsmuster nicht erkennen.

Die Theory U beschreibt einen Prozess, um diese verborgene innere Dimension zu entdecken. Dieser Prozess besteht aus fünf Phasen, die in Abbildung 18 grafisch dargestellt sind:

1. *Co-initiating:* Anderen wirklich zuhören, darauf hören, was das Leben fordert, dass man tut.
2. *Co-sensing:* Zuhören und arbeiten, dort, wo das meiste Potenzial erkennbar ist.
3. *Presencing:* Eine Kombination aus Präsenz und Wahrnehmung, geteiltes Wissen soll wachsen und sich entwickeln können.
4. *Co-creating:* Aktives Entwickeln von neuen Denk- und Verhaltensmustern.
5. *Co-evolving:* Entscheidungen und das Ermöglichen von Handlung als Resultat des Prozesses.

Wenn Führungskräfte und Gruppen diesem Prozess folgen, können sie ihre gewohnten Denk- und Verhaltensmuster hinter sich lassen und eine Veränderung bei chronischen Problemen, wie der sozialen Ungleichheit, Verschwendung, dem sozialen Verfall und internationalen Konflikten, bewirken.

Ronald Heifetz gibt an, dass Führungskräfte zwischen technischen Routineproblemen, die von Experten durch das Nutzen von prozeduralen Wissen gelöst werden

Abbildung 18: Theory U

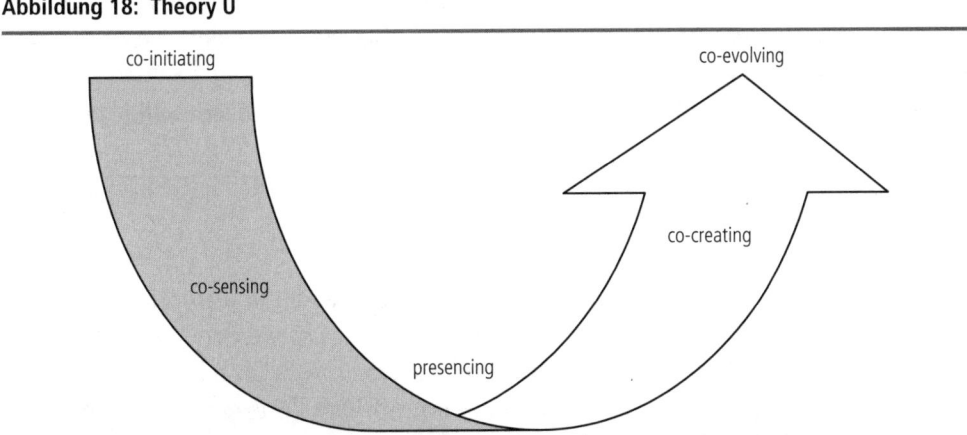

Quelle: Eigene Darstellung nach Scharmer (2007)

können, und adaptiven Problemen, die innovative, adaptive Lösungen benötigen, die nicht einfach weitergegeben werden können, unterscheiden müssen. Diese Probleme können grundlegende Fragen beinhalten, wie den sozialen Verfall und die Globalisierung, die derzeit durch unproduktive Problemlöseprozesse, die die Bedeutung von Werten ignorieren, in Angriff genommen werden. *Adaptive Führung* bedeutet in diesen Situationen das Verändern der chronischen Überzeugungen und Verhaltensmuster der Menschen, indem innovative Lösungen auf der Basis von zentralen Werten und Weisheit gegründet werden. Technisches oder oberflächliches Verhalten zu ändern ist nicht ausreichend. Führungskräfte können adaptive Führung fördern, indem sie Menschen dazu bringen, sich mit den unproduktiven Wahrheiten ihrer Überzeugungen und Verhaltensmuster auseinanderzusetzen, sie dazu zwingen, ihre Bequemlichkeitszone zu verlassen, um kollektive Antworten zu adaptiven Problemen zu schaffen und den Konflikt, der unvermeidlich entsteht, wenn Menschen neue Gewohnheiten entwickeln, zu managen. Heifetz vertritt die Ansicht, dass Führung unabhängig von Macht, Autorität und Hierarchie ist. Er beschreibt sie als Aktivität, Menschen, Organisationen und Gemeinschaften dazu bringen, adaptive Arbeit zu vollbringen. Er lehnt die Vorstellung ab, dass Führungskräfte die zentralen Figuren sind, die eine Vision entwickeln oder Menschen um sich versammeln. Vielmehr sollten Führungskräfte Kollegen und Geführten helfen, die Verantwortung zu übernehmen, adaptive Lösungen für ihre eigenen Herausforderungen zu entwickeln (vgl. Heifetz & Laurie 2001).

4 Aktuelle Führungsthemen

Social Change Model

Das Social Change Model (SCM, Modell der sozialen Veränderung) beschreibt, dass auch Personen, die keine formale Führungsposition innehaben, trotzdem soziale Veränderungen herbeiführen können. Das Modell verfolgt die folgenden zwei Ziele (vgl. McGovern 2008 et al.):
1. Selbstbewusstsein und die Entwicklung von Kernkompetenzen sollen gefördert werden.
2. Positive soziale Veränderungen sollen in Organisationen und Gemeinschaften geschaffen werden.

Diese Ziele sollen mit Hilfe von sieben Grundprinzipien, die in die drei Bereiche Individuum, Gruppe und Gesellschaft unterteilt sind, erreicht werden. Der Bereich Individuum besteht aus drei Grundprinzipien: consciousness of self (Selbstbewusstsein), congruence (Übereinstimmung) und commitment (Engagement). Diese drei Prinzipien beziehen sich auf die Person, die als change agent auftreten möchte. Der Bereich Gruppe besteht aus drei Prinzipien: collaboration (Zusammenarbeit), common purpose (gemeinsame Ziele) und controversy with civility (Höflichkeit bei Auseinandersetzungen). Diese drei Prinzipien betonen die Bedeutung, die Ziele, Bedürfnisse und Werte einer bestimmten sozialen Gruppe zu verstehen. Das siebte Prinzip, das sich auf die Gesellschaft bezieht, ist *citizenship* (Bürgerschaft). Dieses Prinzip versteht Führung als die Fähigkeit, andere dazu zu bewegen, der Gesellschaft zu dienen und zusammenzuarbeiten.

Zusammenfassend geht dieser Ansatz davon aus, dass eine Person, bedeutende soziale Veränderungen herbeiführen kann, wenn sie einem höheren Zweck verpflichtet ist, mit anderen zur Zielerreichung zusammenarbeitet und die Gesellschaft als die Organisation sieht, die es zu verbessern gilt.

Leadership und Netzwerke

Die Fähigkeit einer Führungskraft, vertrauensvolle, tragfähige Beziehungen und Netzwerke aufzubauen, sowohl innerhalb der Organisation als auch nach außen, wird derzeit von vielen Autoren (u. a. Ancona et al. 2007; Gloor 2006; Hill 2007; Ibarra & Hunter 2007) in unterschiedlichen Kontexten diskutiert und als wichtige Komponente erfolgreicher Führung angenommen. Mit der stetig wachsenden Bedeutung von Wissen und Information spielt die Schaffung von Netzwerken zunehmend eine Rolle. Kooperationen mit anderen Unternehmen, Kunden und anderen Stakeholdern sind für die Innovations- und Zukunftsfähigkeit des Unternehmens extrem wichtig geworden (vgl. Gloor 2006). Das bedeutet, dass Führungskräfte zur Zielerreichung nicht mehr nur die von ihnen Geführten, sondern auch andere interne und externe Partner und Entscheidungsträger in eine gemeinsame Richtung lenken sollten. Diese Aufgabe lässt sich zumeist nur über persönliche Beziehungen meistern (vgl. Sull & Spinosa 2007). Eine Führungskraft braucht daher ein Netzwerk, das Kontakte, Unterstützung, Feedback und Informationen zur Verfügung stellt. Ibarra & Hunter (2007) zeigen, dass das Netzwerken in den Augen vieler eine negative Konnotation hat und mit der Manipulation und der Ausnutzung anderer in Verbindung gebracht wird. Sie vertreten jedoch die Ansicht, dass die Alternative zum Netzwerken mit Scheitern verbunden ist. Sie unterscheiden drei verschiedene Formen des Netzwerkens (vgl. Sohm 2007):
1. *Operationales Netzwerken:* Diese Art des Netzwerkens dient dem Schaffen und Pflegen von unternehmensinternen Kontakten.
2. *Persönliches Netzwerken:* Diese Form dient der eigenen Weiterentwicklung.
3. *Strategisches Netzwerken:* Strategisches Netzwerken hilft künftige Geschäftsstrategien zu entwickeln und künftige Stakeholder zu erkennen.

Die Unterschiede zwischen diesen drei Formen des Netzwerkens werden in der folgenden Tabelle dargestellt.

Tabelle 4: Drei Arten des Netzwerkens

	Operationales Netzwerken	Persönliches Netzwerken	Strategisches Netzwerken
Zweck	Effiziente Aufgabenerfüllung, Bereitstellung von Ressourcen	Unterstützung der persönlichen und beruflichen Entwicklung; Zugang zu Kontakten 2. Grades	Künftige Prioritäten und Herausforderungen identifizieren, die die Unterstützung der Stakeholder sichern
Ausrichtung/ Zeitbezug	Interne und unternehmensnahe Kontakte zur Befriedigung aktuellen Bedarfs	Externe Kontakte zur Befriedigung aktueller und zukünftiger Interessen	Interne und externe Kontakte zur Befriedigung künftigen Bedarfs
Personen und deren Identifikation	Kontaktpersonen sind durch die Organisation des Unternehmens und Art der zu erfüllenden Aufgabe vorgegeben und leicht zu identifizieren	Kontaktpersonen sind weitgehend beliebig wählbar, aber nicht immer leicht zu identifizieren	Kontaktpersonen sind durch strategische Vorgaben und das Umfeld des Unternehmens umrissen, es ist aber nicht immer klar, wer relevant ist
Netzwerkeigenschaften	Die Tiefe zählt: Schaffen von engen Arbeitsbeziehungen	Die Breite zählt: Schaffen von Kontakten, die Kontakte 2. Grades herstellen können	Der Hebeleffekt zählt: Verknüpfung interner Bedürfnisse mit dem Umfeld durch indirekte Einflussnahme

Quelle: Eigene Darstellung nach Sohm (2007)

Besonders das strategische Netzwerken kommt in vielen Fällen leider zu kurz. Häufig begangene Fehler beim Netzwerken sind (vgl. Ibarra & Hunter 2007; Sull & Spinosa 2007):

1. Kontakte werden in Krisenzeiten, wenn sie besonders wichtig wären, aus Zeitmangel oft vernachlässigt.
2. Netzwerke werden häufig nach persönlichen Beziehungen und Sympathie gebildet, weniger unter strategischen Gesichtspunkten.
3. Wenn sich kurzfristig kein Nutzen durch das Netzwerk zeigt, wird oftmals nicht langfristig investiert.
4. Häufig werden zwar viele Kontakte aufgebaut, jedoch ohne ausreichend Vertrauen zu schaffen. Die Qualität des Netzwerks ist in diesem Fall nicht ausreichend, um dem Netzwerk auch wirklich Macht zu verleihen.
5. Das persönliche Netzwerk hat das Potenzial, zum strategischen Netzwerk zu werden, dies wird allerdings oft nicht erkannt. Das persönliche Netzwerk wird daher oft nur unzureichend gepflegt, da es nicht mit der Aufgabe in Zusammenhang zu stehen scheint.

Insgesamt wird von Führungskräften oft nur wenig Netzwerken betrieben, da sie sich mehr auf operative Aufgaben konzentrieren und das Netzwerken als zeitraubende und anstrengende Ablenkung von der eigentlichen Arbeit sehen (vgl. Hill 2007; Ibarra & Hunter 2007). Besonders neu ernannten Führungskräften fehlt es oft an Unterstützung, wie z.B. Coaching und Mentoring-Programmen, die ihnen helfen, die

Herausforderung des Netzwerkens zu meistern und zu verstehen, dass dies eine wichtige Komponente für den Führungserfolg darstellt (vgl. Hill 2007). Der Aufbau und die Pflege vertrauensvoller Beziehungen, die das Netzwerk bilden, verlangt besondere soziale Kompetenz. Zusätzlich benötigen Führungskräfte, die Netzwerke bilden und nutzen wollen, auch die Fähigkeit, diejenigen Personen zu identifizieren, die mit hoher Wahrscheinlichkeit künftig für die Zielerreichung relevant sein werden. Dies erfordert Verständnis für komplexe Zusammenhänge und Weitblick (vgl. Sohm 2007).

Leadership in der Welt des Web 2.0

Die zunehmende Bedeutung des Web scheint zu einem neuen Verständnis von Leadership zu führen. Eine Reihe von Autoren sprechen von einer kulturellen Verlagerung von einseitigen, hierarchischen und organisationszentrischen Beziehungen hin zu einer wechselseitigen, netzwerkzentrischen Führungskultur mit partizipativen und kollaborativen Beziehungen (vgl. Shirky 2008, Tapscott & Williams 2010, Hagel 2010, Li 2010, McGonagill & Dörffer 2010).

Im Buch »Cluetrain Manifesto« wurde erstmals von der revolutionären Natur des Web 2.0 gesprochen (vgl. Levine et al. 2009). Wie die Verfasser im Untertitel des Buches »Das Ende des *Business as usual*«, andeuten, haben Unternehmen keine Kontrolle mehr über Märkte und die Botschaften an ihre Kunden. Sie müssen stattdessen herausfinden, wie sie sich in die globale Konversation einbringen können, indem sie »Aufgeschlossenheit, Dezentralisierung, Fehlbarkeit, chaotische, kontextreiche Informationen und den Klang echter menschlicher Stimmen akzeptieren« (ebd.).

In seinem Buch »Here comes everybody« nennt *Clay Shirky* die Entwicklungen des Web eine Revolution und vergleicht sie mit der Erfindung der Gutenberg'schen Druckerpresse. Er argumentiert, dass wir uns »von geschlossenen und hierarchischen Arbeitsplätzen mit starren Beschäftigungsbeziehungen weg und hin zu immer mehr selbst organisierten, verteilten und kollaborativen Humankapital-Netzwerken bewegen, die ihre Kenntnisse und Ressourcen von innerhalb und außerhalb des Unternehmens beziehen.« Er hebt hervor, dass die Abnahme der Transaktionskosten im Web neue soziale Tools entstehen lässt, die zu bisher unmöglichen wirtschaftlichen Aktivitäten anspornen (vgl. Shirky 2008).

Auch *Don Tapscott* vertritt die Ansicht, dass Verhaltensmuster auf ein neues Paradigma schließen lassen, und spricht vom »Zeitalter der Kollaboration« (vgl. Tapscott 2008). In ihrem Bestseller »Wikinomics« beschreiben *Tapscott* und *Williams* (vgl. Tapscott & Williams 2006) neue Produktionsmodelle, die aufgrund tiefgreifender Veränderungen in Technologie, Demographie und globalen Wirtschaftskräften entstanden sind und weniger auf Hierarchie und Kontrolle, sondern auf Gemeinschaft, Kollaboration und Selbstorganisation beruhen. In ihrem darauf folgenden Werk »MacroWikinomics« (vgl. Tapscott & Williams 2010) fordern sie ihre Leser heraus, die grundlegenden Vorstellungen von Bildung, Medien, Industrie neu zu überdenken und den öffentlichen Marktplatz wiederzubeleben. Sie argumentieren, dass Einrichtungen des Industriezeitalters die Massenproduktion von Gütern mit sich gebracht haben, die nach einem »zentralisierten, undifferenzierten Einheitsmassenmodell funktionierte, das von den mächtigen Eigentümern der Produktion und Gesellschaft kontrolliert wird.« Eine neue Bewegung der »Massenkollaboration« ist im Gange, bei der das Social Networking nicht nur die Art der Bereitstellung von Produkten und Dienstleistungen für immer verändert, sondern zu einer umfassenden gesellschaftlichen Verlagerung führt. Im Wesentlichen vertreten sie fünf neue Grundsätze für den Erfolg in diesem neuen Umfeld rapider Veränderungen: durch das Befürworten von Kollaboration, Offenheit, gemeinsamer Nutzung, Integrität und Interdependenz (vgl. Tapscott & Williams 2010).

Während *Charlene Li* (2010) Führungskräfte dazu ermutigt, »aufgeschlossen« zu sein und gleichzeitig die Kontrolle beizubehalten, um sich neue Ressourcen zu erschließen und ihre Organisationen durch die »soziale Technologie« zu transformieren, plädiert *John Hagel* in seinem Werk »The Power of Pull« (vgl. Hagel et al. 2010) dafür, das Beste aus Mitarbeitern und Institutionen herauszuholen, indem Menschen auf drei Pull-Ebenen verbunden werden: Access (Zugang zu den richtigen Leuten), Attraction (Anwerben) und Achievement (Erfolg).

McGonagill und *Dörffer* (2010) weisen anhand ihrer Analysen einer Vielzahl von Pionierbeispielen darauf hin, dass sich in den zwei Jahrzehnten der wachsenden Bedeutung des Web nach und nach ein neues Paradigma für Leadership abgezeichnet hat. Die Verfasser nennen sieben Indikatoren für den Paradigmenwechsel: Das neue Leadership-Paradigma definiert Führung eher als Aktivität und kollektiven Prozess, wobei eine Verlagerung von organisationszentrischer zu netzwerkzentrischer Führung entsteht und Organisationen als »Organismen« angesehen werden, in denen Lernen und Anpassung neue Dimensionen der Führungsfähigkeit erfordern. Dies verlangt vor allem einen Einstellungswechsel sowie neue Fähigkeiten, Kenntnisse und eine »Fehlerkultur«.

Tabelle 5: Sieben Indikatoren eines neuen Leadership-Paradigmenwechsels

---

- Führung als Aktivität anstatt als Rolle
- Verständnis von Führung als kollektivem Prozess
- Von organisationszentrischer hin zu netzwerkzentrischer Führung
- Von Organisationen als »Maschinen« hin zu Organisationen als »Organismen«
- Von der Planung und Kontrolle hin zum Lernen und Anpassen
- Notwendigkeit neuer Führungsqualitäten
- Von Generation X hin zu Generation Y

Quelle: Eigene Aufstellung, basierend auf McGonagill & Dörffer (2010)

Buhse und *Stamer* wie auch *Reinhard* erachten den Einstellungswechsel als maßgeblich für die Führungsansätze im Zeitalter des Web 2.0. Während die Verfasser Führungskräfte auffordern, »die Kunst des Loslassens« zu kultivieren (vgl. Buhse & Stamer 2008), erkennen sie gleichzeitig, dass die neue Herausforderung bei der Führung darin besteht, die besten Bemühungen einzelner Mitarbeiter zu fördern und die Voraussetzungen für das Erzielen optimaler Ergebnisse aus dem Kollektiv zu schaffen. Reinhard hebt als Schlüsselelement aller durch das Web 2.0 bedingten Veränderungen die Bedeutung des »beispielhaften Vorlebens« hervor (vgl. Reinhard o. J.).

Der deutsche »Netzwerkguru« *Peter Kruse* betrachtet die Verringerung der Komplexität als größte Herausforderung in der Web-Welt. Er argumentiert, dass es zum erfolgreichen Beherrschen der komplexen Dynamik des Internets und Bewältigen der ungeheuren Informationsflut am wichtigsten ist, übergeordnete Muster zu erkennen (vgl. Kruse o. J.). Er identifiziert dies als maßgebliches Element einer hohen kollektiven Intelligenz. Kruse folgert: »Je mehr Menschen sich für die Dynamik der Gesellschaft interessieren und je mehr sie in der Lage sind, zugrunde liegende musterbildende Prozesse festzustellen, umso größer wird die Menge des verteilten Wissens, das zum Gewinn kollektiver Intelligenz notwendig ist« (vgl. Kruse o. J.).

Leadership und Gender

Als zunehmend mehr Frauen in Führungspositionen aufstiegen, kam die Frage auf, ob Männer und Frauen unterschiedliche Führungsstile besitzen, die zu unterschiedlichem Führungserfolg führen. Dieser Frage liegt ein soziales Interesse zugrunde: In den USA sind nur zwei Prozent der Fortune-500-CEOs und nur acht Prozent der Unternehmensführer Frauen (O'Connor 2007). Frauen verdienen rund 70 Prozent der Löhne ihrer männlichen Kollegen bei gleicher Tätigkeit und sind zudem noch von Fragen der Vereinbarkeit von Familie und Beruf in einem stärkeren Ausmaß betroffen als Männer. Die Unterrepräsentierung von Frauen in Führungspositionen macht die Entwicklung eines androgynen Führungsansatzes zu einem grundlegenden Anliegen.

Alice Eagly und *Linda Carli* (2004) fassen vier allgemeine Erklärungen zur Unterrepräsentierung von Frauen in Führungspositionen zusammen.

1. Der erste Erklärungsansatz geht davon aus, dass Frauen weniger in ihr Humankapital (im Sinne von Aus- und Weiterbildung, Arbeitserfahrung) investieren.
2. Der biologische Ansatz geht davon aus, dass Männer in der Evolution eine Veranlagung, andere zu dominieren, entwickelten, Frauen hingegen nicht. Dies wird auch als Grund angegeben, warum Frauen weniger durchsetzungsfähig sind, wenn es um Beförderungen und Gehaltserhöhungen geht.
3. Die dritte Erklärung geht ähnlich der zweiten davon aus, dass Frauen und Männer einen unterschiedlichen Führungsstil zeigen. Männer bevorzugen demzufolge einen direktiven oder autoritären Führungsstil, während Frauen partizipativ oder demokratisch führen.
4. Der vierte Erklärungsansatz postuliert, dass gebräuchliche Stereotype und Vorurteile verantwortlich sind, dass Frauen selten in Führungspositionen sind. Die

Quelle dieser Vorurteile ist die soziale Erwartung, dass Männer führen und Frauen Kinder erziehen sollten.

Im Allgemeinen teilen sich die Forscher im Bereich Leadership und Gender in zwei Lager: Die einen sind der Ansicht, dass Männer und Frauen klare Unterschiede im Führungsverhalten und im Führungserfolg zeigen, die anderen vertreten die Ansicht, dass Männer und Frauen hinsichtlich Führung im Grunde genommen ähnlich sind.

Forschungsergebnisse, die die erste Annahme unterstützen, zeigen auf, dass Frauen tendenziell eher demokratisch und partizipativ führen als Männer (vgl. Helgesen 1990) und dass dies einen Nachteil darstellt, wenn autoritäre Führung notwendig ist (vgl. Northouse 2007).

Pittinsky, Bacon und *Welle* (2007) halten fest, dass diese Aussagen das allumspannende Stereotyp der umsorgenden Erzieherinnen fördern. Sie bezeichnen dies als »Great woman theory of leadership« (ebd.: 94). Sie geben an, dass Frauen auf ein Podest zu stellen und sie deutlich von den Männern zu unterscheiden für Frauen und Männer gefährlich sei. Stattdessen fordern sie, dass Führung »ent-gendert« wird, dass keinem Geschlecht mehr ein bestimmtes Führungsverhalten zugeschrieben wird.

Das Thema Leadership und Gender hat im deutschen Sprachraum bis jetzt weniger Beachtung gefunden als in den USA, obwohl auch hier die Anzahl der Frauen in Führungspositionen ansteigt. Es gibt kaum empirische Studien zu diesem Thema. Außerdem wurden Projekte in diesem Bereich häufig nicht in einem realen Arbeitsumfeld und nicht mit einer ausreichend großen Anzahl von Teilnehmern durchgeführt. Es gibt jedoch durchaus interessante Forschungsprojekte zum Thema Leadership und Gender, wie ein Projekt der Universität Leipzig unter Leitung von Gisela Mohr zeigt. In diesem Projekt werden nicht nur Persönlichkeitsmerkmale der Führungsperson und Merkmale der Situation erfasst, sondern auch Merkmale der Aufgabe und der Einstellung, die mit dem Geschlecht des Geführten in Zusammenhang stehen. Leider liegen zum jetzigen Zeitpunkt noch keine Ergebnisse vor.

Leadership in Expertenorganisationen

Von zunehmendem Interesse ist die Untersuchung von Führung in Expertenorganisationen wie beispielsweise in Krankenhäusern oder im Bildungssektor. Häufig werden bewährte Konzepte profitorientierter Organisationen unter der Bezeichnung »New Public Management« auf diese Bereiche übertragen, allerdings mit unterschiedlichem Erfolg (vgl. Laske et al. 2006). Beispiele für Forschung zu Führung in Bildungsorganisationen finden sich an der Technischen Universität Dortmund (Rolff, Bonsen), an der Universität Innsbruck (Laske, Meister-Scheytt, Schratz) und an der Universität Zürich (Schley). Beispiele für Forschung zu Leadership im Gesundheitssektor (v.a. im Krankenhaus) finden sich an der Universität Bayreuth (Brink) und an der Wirtschaftsuniversität Wien (Steyrer).

Führung im Kulturvergleich

Individuen, Organisationen und Nationen sind heute stärker vernetzt als jemals zuvor. Rasante Fortschritte und Innovationen in Technologie, internationalem Handel, Reisen und Kommunikation gemeinsam mit der Liberalisierung des Kapitals führten zur Bildung großer, transnationaler Gesellschaften. Diese riesigen Unternehmen verfügen häufig über Angestellte in zahlreichen Ländern. Dadurch ergibt sich ein steigendes Bedürfnis, den Einfluss der Kultur auf Führung zu verstehen. Andere Organisationen interagieren stetig in multikulturellen Schauplätzen, und Führungskräfte erkennen, dass sie mehr Kompetenz im kulturübergreifenden Bewusstsein und Handeln brauchen (vgl. Northouse 2007).

Unter Kultur versteht man die Menge der gelernten Überzeugungen, Werte, Symbole, Regeln, Traditionen und Verhaltensmuster einer Gruppe von Menschen. Viele Menschen glauben bewusst oder unbewusst, dass ihre Kultur normal und anderen übergeordnet ist. Dies führt zu Ethnozentrismus. Besonders bei Führungskräften kann dies zu Vorurteilen, vermehrten Missverständnissen und damit zu geringerer organisationaler Effektivität führen. Führungskräfte, die in der Lage sind, Sachverhalte aus der Perspektive anderer Kulturen zu sehen und sie aufgrund ihres eigenen Werts zu beurteilen, sind besser vorbereitet, um kulturelle Missverständnisse zu bereinigen und kulturelle Unterschiede als Stärken zu nutzen.

In zahlreichen Studien wurde versucht, die Auswirkung kultureller Unterschiede auf Führung zu erfassen und zu verstehen. Hall (1976) untersuchte das Ausmaß, in dem unterschiedliche Kulturen an Individuen oder an der Gruppe orientiert sind. In anderen Studien wurde erforscht, ob unterschiedliche Kulturen sich nach hierarchischen oder egalitären Prinzipien organisieren.

Die derzeit bekannteste kulturübergreifende Studie ist die GLOBE-Studie (Global Leadership and Organizational Behavior Effectiveness Program), in der insgesamt über 1700 Manager der mittleren Führungsebene aus drei verschiedenen Industriezweigen und 62 Kulturen untersucht wurden. Die Forscher unter der Leitung von Robert House unterteilten und analysierten diese Kulturen nach neun Dimensionen: Unsicherheitsvermeidung, Machtdistanz, institutioneller Kollektivismus, In-group-Kollektivismus, Gleichstellung der Geschlechter, Bestimmtheit, Zukunftsorientierung, Leistungsorientierung und Humanorientierung.

Die Ergebnisse der GLOBE-Studie und andere kulturübergreifende Studien helfen Führungskräften, ihre eigene kulturelle Prägung zu verstehen und wahrzunehmen und in der Interaktion mit anderen sensibler und effektiver aufzutreten.

Im nächsten Abschnitt werden als Beispiel die Unterschiede zwischen Deutschland und den USA in Bezug auf Führungskräfte und Führungstheorien kurz dargestellt.

5 Abschließende Bemerkungen

Typisch deutsch? – Kulturelle Unterschiede zwischen Deutschland und den USA

In der GLOBE-Studie wurde der Zusammenhang zwischen Landeskultur und der Effektivität der Gesellschaft, von Organisationen und Führung untersucht. Die Ergebnisse auf Deutschland bezogen zeigen, dass deutsche Führungskräfte hohe Werte bei Unsicherheitsvermeidung, Individualismus und Bestimmtheit aufweisen. Außerdem zeigt sich ein Vertrauen auf staatliche Interventionen (vgl. Brodbeck & Frese 2007). Als effektive Führungselemente werden in Deutschland hohe Leistungsorientierung, technische Kompetenz, Autonomie, Direktheit, konstruktive Auseinandersetzungen und Partizipation angesehen. Schwächen zeigen sich in der nur mittelmäßig ausgeprägten Teamorientierung und der geringen Humanorientierung. Die GLOBE-Studie schätzte Deutschland mittel bis hoch hinsichtlich visionärer Führung ein (Deutschland erreicht den Wert 6,02 auf einer siebenstufigen Skala). Die Teilnehmer an der Studie gaben an, dass charismatische, visionäre Führungskräfte als relativ effektiv eingeschätzt werden.

Die Human- und die Teamorientierung der deutschen Führungskräfte ist im internationalen Vergleich nur sehr gering ausgeprägt, obwohl viele der Befragten angaben, dass sie sich einen weniger harten Umgang im sozialen Miteinander wünschen. Felix Brodbeck erklärt diesen scheinbaren Widerspruch damit, dass das Modell der entpersönlichten, enthumanisierten Führungskraft, die aufgaben- und leistungsorientiert führt, über Jahrzehnte hinweg erfolgreich war (»deutsches Wirtschaftswunder«) und immer noch als kulturgeprägtes Schema vorherrscht. Dass sich in Deutschland dieser sachlich orientierte Führungsstil entwickelte, liegt, so Brodbeck, vor allem daran, dass die Beschäftigten in Deutschland früher gut abgesichert waren und als Kollektiv der Führung entgegentreten konnten. Auseinandersetzungen waren dadurch möglich. Außerdem bietet das deutsche Sozialsystem dem Einzelnen Sicherheit. Es ist allerdings fraglich, ob dieser Führungsstil auch in Zukunft derart erfolgreich sein kann. Gerade die institutionelle Absicherung der Beschäftigten nimmt zusehends ab, die Unsicherheit steigt (vgl. Steeger 2008).

In den USA werden visionäre Führungskräfte häufig als Helden angesehen, die einem inneren Ruf folgen innerhalb einer kulturellen Umgebung, die durch hohe Leistungsorientierung, Individualismus, Maskulinität und Bestimmtheit sowie geringe Machtdistanz und geringe Unsicherheitsvermeidung gekennzeichnet ist. Die USA neigen dazu, individuelle Leistung, Handeln mehr als Reflexion, das Nutzen von Fakten, Innovation, existenzielle Gleichberechtigung, Sachlichkeit, Offenheit gegenüber Veränderung und Risikofreudigkeit an Führungskräften zu würdigen. Führung wird häufig einem einzelnen Individuum zugeschrieben, das das Recht auf Macht und die Führungsrolle durch harte Arbeit und natürliche Begabung erworben hat (vgl. Hoppe & Bhagat 2007). Hoppe und Bhagat bemerken aber auch einen Wandel. Führende und Geführte werden sich zunehmend ihrer gegenseitigen Abhängigkeit bewusst und beginnen zunehmend Gegenseitigkeit, systemisches Denken, Interdependenz und die Prozesshaftigkeit von Führung zu betonen.

Die Ergebnisse der GLOBE-Studie hinsichtlich Österreichs und des deutschsprachigen Teils der Schweiz weisen starke Ähnlichkeiten mit Deutschland auf und unterscheiden sich somit von den anderen europäischen Ländern. In der deutschsprachigen Schweiz sind Führungskräfte allerdings ein bisschen weniger autonom und erreichen höhere Werte hinsichtlich Bescheidenheit, Diplomatie und Teamorientierung. Diese Unterschiede können mit der für die Schweiz typischen Kultur der Basisdemokratie erklärt werden (vgl. Brodbeck, Frese et al. 2002; Steyrer et al. 2006; Brodbeck & Frese 2007; Steeger 2008).

Die Unterschiede zwischen Deutschland und den USA finden sich nicht nur auf der Handlungsebene von Führungskräften, wie beispielsweise die GLOBE-Studie aufzeigt, sondern auch in der Theoriebildung.

Die Bedeutung der Geführten und der Interaktion wird heute als zentral angesehen. Trotzdem lässt sich ein Unterschied in der Akzentuierung finden. Obwohl die meisten angloamerikanischen Theorien im deutschsprachigen Raum in empirischen Studien überprüft wurden und in den gängigen Lehrbüchern zum Thema Leadership ausführlich dargestellt werden, zeigt sich im deutschen Sprachraum ein besonderer Trend hin zu den systemischen Ansätzen, die wiederum im angloamerikanischen Raum kaum von Bedeutung zu sein scheinen. Diese systemischen Ansätze betonen die Eigendynamik des Systems, die Unberechenbarkeit und damit die Unmöglichkeit einer einzelnen Führungskraft, gezielt zu steuern. Auch die machttheoretischen Ansätze weisen darauf hin, dass die gesamte Macht im Unternehmen nicht bei der Führungsperson liegt. Eine Beschreibung des Verhaltens bzw. der Fähigkeiten, die effektive Führungspersonen häufig zeigen, kommt erst in einigen neueren Ansätzen wie beispielsweise bei Pinnow oder Malik vor.

Es ist anzunehmen, dass der stark ausgeprägte Wunsch nach einer Leadership-Theorie, in der die Person der Führungskraft eine möglichst untergeordnete Rolle spielt bzw. möglichst viel Macht auf jedes einzelne Mitglied im Unternehmen verteilt ist, geschichtlich begründet ist. Denn zum einen können Theorien, die Führungspersonen ihre Grenzen aufzeigen, dazu beitragen, dass der Narzissmus der Führungskraft in einem konstruktiven Maß bleibt. Gleichzeitig zeigen diese Theorien aber auch auf, dass jedes einzelne Unternehmensmitglied das Unternehmen mitgestaltet und mitkonstruiert und dafür auch Verantwortung tragen muss. Im Gegensatz dazu zeigen Forschungsergebnisse aus den USA, dass Führung als individuelles Phänomen verstanden wird, d.h., die einzelne Führungskraft führt aufgrund ihrer Rolle, die er/sie sich durch harte Arbeit und Talent verdient hat.

Noch ein weiterer Unterschied lässt sich feststellen. Die Bedeutung der Motivation, der Begeisterung durch eine Vision, nimmt in den angloamerikanischen Ansätzen eine zentralere Stellung als im deutschsprachigen Raum ein. Es findet sich zwar im Bereich der Motivationspsychologie bei Kehr eine deutliche Beschreibung der Möglichkeit durch eine inspirierende Vision, die Ziele, affektive Motive und Fähigkeiten anspricht, zu begeistern und zu motivieren. Eine Verknüpfung des Phänomens Motivation mit Führung findet außer im Prinzipienmodell der Führung jedoch kaum statt. Auch dies zeichnet sich wiederum in der GLOBE-Studie ab. Es zeigte sich, dass Manager in Deutschland vor allem sachlich, aufgabenorientiert und autonom führen (vgl. Brodbeck und Frese 2007).

Es lassen sich aber auch Gemeinsamkeiten der deutschsprachigen und angloamerikanischen Ansätze finden. So beschreibt beispielsweise Pinnow ähnlich wie Hesselbein Führungsstil als Lebensstil. Pinnow und Malik betonen außerdem ähnlich dem LMX-Ansatz die Bedeutung von Vertrauen und Respekt. Auch der Wunsch nach Authentizität der Führungskräfte sowie die Bedeutung psychodynamischer Ansätze werden in beiden Studien festgestellt. Die umfassendsten Arbeiten zur Verknüpfung psychodynamischer Konzepte stammen von Manfred Kets de Vries, Otto Kernberg und Edgar Schein, die neben der Persönlichkeit der Führungskraft sowie der Geführten und der Interaktion zwischen ihnen auch die Organisation als Drittes miteinbeziehen.

6 Zusammenfassung

»Je mehr Führungskräfte ich kennenlerne, desto schwerer fällt es mir, den effektiven Führungsstil zu beschreiben« (Kets de Vries 2004: 9)

In diesem Reader wurden unterschiedliche Theorien der Führungsforschung ihrer historischen Entwicklungslinie folgend dargestellt. Es konnte gezeigt werden, dass eine ausschließliche Konzentration auf die Fähigkeiten, die Eigenschaften und das Verhalten der einzelnen Führungsperson, wie man sie in den ersten Theorien findet, zur Erklärung des Phänomens Führung zu kurz greift. Die Geführten und die Interaktion zwischen den Geführten und der Führungskraft sind essentieller Bestandteil von Führung. In neueren Ansätzen zeigt sich daher eine verstärkte Fokussierung auf die Beziehungsgestaltung zwischen Führungsperson und Geführten. Autoritäre Strukturen und Hierarchien werden vermehrt in Frage gestellt.

Mit der Entwicklung von Führungstheorien, die neben der Person der Führungskraft auch die Geführten, die Situation und die Organisation mit einbeziehen, findet gleichzeitig auch eine Verschiebung der Verantwortlichkeit statt. Die Führungskraft ist nicht mehr alleinverantwortlich für den Erfolg. Auch die Geführten, die Organisationsmitglieder können Einfluss ausüben und tragen daher auch Verantwortung. Aufgabe der Führungskraft ist es bei vielen dieser Ansätze, die Geführten auch in die Lage zu versetzen, eigeninitiativ und eigenverantwortlich zu handeln, bzw. die Geführten zur Partizipation anzuregen (z.B. Transformationale Führung, Mitunternehmertum).

Eine weitere Entwicklung der Führungsansätze besteht auch darin, dass Führung heute als weitgreifendes Phänomen verstanden wird, das nicht nur den einzelnen Geführten, sondern die gesamte Organisation (bis hin zur Gesellschaft) umfassen und verändern soll (z.B. Social Change Model, Positive Organizational Behavior).

Der Trend, Führung als interaktives, durchdringendes Phänomen zu verstehen, bringt hohe Anforderungen an die Führungskräfte mit sich und rückt so auch die Führungskraft ins Blickfeld der Betrachtung. Führungskräfte sollen neben technisch-fachlichen Fähigkeiten auch über Fähigkeiten im sozialen Bereich wie beispielsweise in den Bereichen Kommunikation, Konfliktmanagement und Beziehungsgestaltung besitzen (vgl. z. B. LMX, Transformationale Führung, soziale und emotionale Intelligenz). Zusätzlich wird die Fähigkeit der Führungskraft zur Selbstbeobachtung und zur Selbstreflexion und damit verknüpft ihre Authentizität als wichtig erachtet (vgl. z. B. systemische Ansätze, Authentic Leadership, Ansätze der klassischen Moderne).

Ein wichtiges Thema der Führungsforschung ist neben Person und Verhalten der Führungskraft und der Geführten auch die Motivation. Während einige Theorien postulieren, dass die Führungskraft die Geführten begeistern und motivieren kann und soll (beispielsweise durch eine Vision, persönliches Charisma oder Authentizität), gibt es auch Tendenzen, dies als unmöglich (bzw. als Mythos) anzusehen.

Angesichts des sich entwickelnden Webs scheinen sich Verlagerungen im Verständnis von Leadership von einseitigen, hierarchischen und organisationszentrischen Beziehungen hin zu einer wechselseitigen, netzwerkzentrischen Führungskultur mit partizipativen und kollaborativen Beziehungen abzuzeichnen.

Zusammenfassend kann festgehalten werden, dass Führung ein zentrales Thema in unserem täglichen Leben, in unseren sozialen Institutionen und Organisationen und für unsere individuelle und kollektive Zukunft darstellt. Trotzdem gibt es bis heute keine einheitliche, allgemeingültige Theorie darüber, was Führung ist und keine allgemeingültigen Formeln, wie Führungskräfte effektiv führen können, da verschiedenste Faktoren den Führungserfolg beeinflussen. Aus den einzelnen Ansätzen lassen sich jedoch Hinweise ableiten, welche Kompetenzen Führungskräften (und Geführten) helfen, erfolgreich ihre Ziele zu erreichen.

7 Literatur

Ancona, D., Malone, T., Orlikowski, W. & Senge, P. (2007): In praise of the incomplete leader. In: *Harvard Business Review*, 2, S. 92–100.

Bass, B. M. (2008): *The Bass handbook on leadership: Theory, research & managerial applications.* New York: Free Press.

Bennis, W. G. (1989): *On becoming a leader.* Reading: Addison-Wesley.

Bennis, W. G. (1996): The Leader as Storyteller. In: *Harvard Business Review*, 74 (1), S. 2–6.

Bennis, W. G. & Thomas, R. J. (2002): *Geeks and Geezers: How era, values, and defining moments shape leaders.* Boston: Harvard Business School Press.

Brodbeck, F. C. & Frese, M. (2007): Societal Culture and Leadership in Germany. In: Chhokar, J. S., Brodbeck, F. C., House, J. R. & Global Leadership and Organizational Behavior Effectiveness Research Program (Hrsg.): *Culture and Leadership Across the*

World. The GLOBE Book of In-Depth Studies of 25 Societies. Mawah: Lawrence Erlbaum Associates, S. 147–214.

Brodbeck, F. C., Frese, M. & Javidan, M. (2002): Leadership made in Germany: Low on compassion, high on performance. In: *Academy of Management Executive,* 16 (1), S. 16–29.

Buhse, W. & Stamer, S. (2008): *Enterprise 2.0 – The art of letting go.* New York: iUniverse, Inc.

Clemens, J. & Meyer, D. F. (1987): *The classic touch: Lessons in leadership from Homer to Hemingway.* Homewood, Dow-Jones-Irwin.

Drucker, P. (2006): *The effective executive.* New York: Collins.

Eagly, A. H. & Carli, L. L. (2004): Woman and men as leaders. In: Antonakis, J., Cianciolo, A. & Sternberg, R. (Hrsg.): *The nature of leadership.* Thousand Oaks: Sage.

Ganz, M. (2009): Why stories matter: The art and craft of social change. In: *Sojourners Magazine.* http://www.sojo.net/index.cfm?action=magazine.article&issue=soj0903&article=why-stories-matter, März 2009.

Gardner, H. (1995): *Leading minds: an anatomy of leadership.* New York: Basic Books.

Gloor, P. A. (2006): *Swarm creativity. Competitive advantage through collaborative innovation networks.* New York: Oxford University Press.

Haas Edersheim, E. (2007): *The Definitive Drucker – Challenges For Tomorrow's Executives – Final Advice From the Father of Modern Management.* New York: McGraw-Hill.

Hagel III, J., Brown, J. S. & Davison, L. (2010): *The Power of Pull: How Small Moves, Smartly Made, Can Set Big Things in Motion.* New York: Basic Books.

Hall, E. T. (1976): *Beyond culture.* New York: Doubleday.

Heifetz, R. & Laurie, D. (2001): The work of leadership. In: *Harvard Business Review,* 79 (11), S. 131–140.

Helgessen, S. (1990): *The female advantage: Women's ways of leadership.* New York: Doubleday Currency.

Hill, L. A. (2007): Becoming the Boss. In: *Harvard Business Review,* 1, S. 49–56.

Hoppe, M. H. & Bhagat, R. S. (2007): Leadership in the United States of America: The leader as cultural hero. In: Chhokar, J. S., Brodbeck, F. C., House, J. R. & Global Leadership and Organizational Behavior Effectiveness Research Program (Hrsg.): *Culture and Leadership Across the World. The GLOBE Book of In-Depth Studies of 25 Societies.* Mawah: Lawrence Erlbaum Associates, S. 475–544.

Ibarra, H. & Hunter, M. (2007): How leaders create and use networks. *Harvard Business Review,* 1, S. 40–47.

Jaworski, J. (1996): *Synchronicity: The inner path of leadership.* San Francisco: Berett-Koehler.

Joiner, B. & Josephs, S. (2007): *Leadership agility: Five levels of mastery for anticipating and initiating change.* San Francisco: Jossey-Bass.

Kegan, R. & Lahey, L. L. (2009): *Immunity to change: How to overcome it and unlock potential in yourself and your organization.* Boston: Harvard Business Press.

Kets de Vries, M.F. (2004): *Führer, Narren und Hochstapler. Die Psychologie der Führung.* Stuttgart: Klett-Cotta.

Kruse, P. (o.J.): *The Network is Challenging Us.* In: WE_magazine.collective action, retrieved December 6, 2010, http://www.we-magazine.net/we-volume-03/the-network-is-challenging-us/.

Laske, S.; Meister-Scheytt, C. & Küpers, W. (2006): *Organisation und Führung.* Münster: Waxmann.

Leader to Leader Institute (2010). http://www.leadertoleader.org/index.html, on December 2, 2010.

Levine, R., Locke, C., Searls, D., Weinberger, D. & Jake, M. (2009): *The Cluetrain Manifesto: 10th Anniversary Edition.* New York Basic Books.

Li, C. (2010): *Open Leadership – How social technology can transform the way you lead.* San Francisco: Jossey-Bass.

McGonagill, G. & Dörffer, T. (2010): *The leadership implications of the evolving web.* Gütersloh: Bertelsmann Stiftung.

McGovern, G., Simmons, D. & Gaken, D. (2008): *Leadership and service: An introduction.* Dubuque: Kendall Hunt.

Northouse, P. G. (2007): *Leadership: Theory and practice.* Thousand Oaks: Sage.

O'Connor, S. D. (2007): Forward. In: Kellerman, B. & Rhode, D. L. (Hrsg.): *Women and leadership: The state of play and strategies for change.* San Francisco: Jossey-Bass, S. xiii–xvi.

Pittinsky, T. L., Bacon, L. M. & Welle, B. (2007): The great women theory of leadership? Perils of positive stereotypes and precarious pedastels. In: Kellerman, B. & Rhode, D. L. (Hrsg.): *Women and leadership: The state of play and strategies for change.* San Francisco: Jossey-Bass, S. 93–125.

Reinhard, U. (o.J.): www.ulrikereinhard.com, retrieved December 6, 2010.

Scharmer, C. O. (2007): *Theory U: Leading from the future as it emerges: The social technology of presencing.* Cambridge: Society for Organizational Learning.

Schein, E. H. (2004): *Organizational culture and leadership.* 3rd edition. San Francisco: Jossey-Bass.

Senge, P. (2006): *The fifth discipline: The art and practice of the learning organization.* Revised and updated edition. New York: Doubleday/Currency.

Shirky, C. (2008): *Here comes everybody – The Power of Organizing Without Organization.* New York: Penguin Books.

Sohm, S. (2007): *Zeitgemäße Führung. Ansätze und Modelle.* Eine Studie der klassischen und neueren Management-Literatur. Gütersloh: Bertelsmann Stiftung.

Steeger, O. (2008): »Die Führungskultur in Deutschland wandelt sich!« Prof. Dr. Felix C. Brodbeck, international renommierter Wirtschaftspsychologe, über die Mentalität der Manager. In: *projektMANAGEMENT* (1), S. 3–9.

Steyrer, J., Hartz, R. & Schiffinger, M. (2006): Leadership in transformation – between local embeddedness and global challenges. In: *Journal for East European Management Studies*, 11 (2), S. 113–139.

Sull, D. & Spinosa, C. (2007): Promise-based management. In: *Harvard Business Review*, 4, S. 79–86.

Tapscott, D. (2008): Winning with the Enterprise 2.0. In: Buhse, W. & Stamer, S.: *Enterprise 2.0: The Art of Letting Go*. New York: iUniverse.

Tapscott, D. & Williams, A. D. (2006): *Wikinomics*. New York: Penguin Books.

Tapscott, D. & Williams, A. D. (2010): *MacroWikinomics: Rebooting Business and the World*. New York: Portfolio.

Wilber, K. (2000): *Sex, ecology, spirituality* (2nd edition, rev.). Boston: Shambala.

Die Autorinnen und Autoren

Maria Stippler, Studium der Psychologie und der Betriebswirtschaft an der Universität Innsbruck, Schwerpunkt Arbeits- und Organisationspsychologie, Promotion in Psychologie an der Universität Kassel zur Kompetenzentwicklung bei PsychotherapeutInnen, Psychotherapeutin in Ausbildung.

Sadie Moore promovierte 2008 in Anthropologie mit Schwerpunkt Führungstheorie an der University of Southern California. Von 2008 bis 2010 unterrichtete sie als Adjunct Assistant Professor an der USC Anthropologie und leitete Kurse in Führungswissenschaft. Sie ist gegenwärtig Schulungsleiterin am Institute Coro Southern California, einer amerikanischen Organisation zur Vorbereitung diverser Personengruppen auf effektive und ethische Führungsrollen im öffentlichen Leben.

 **Seth Rosenthal** promovierte 2005 in Psychologie an der Harvard University. Von 2005 bis 2009 war er als Forschungsassistent im Center for Public Leadership der Harvard Kennedy School tätig. Gegenwärtig ist er Direktor für öffentliche Meinungsforschung der Merriman River Group.

 **Tina Dörffer**, Studium der Rechtswissenschaften an der Humboldt Universität, Berlin, Master of Public Administration der Harvard Kennedy School of Government. Lehrtätigkeit u.a. am Center for Public Leadership, Harvard University. Als Projektmanagerin der Bertelsmann Stiftung leitet sie gegenwärtig die Bertelsmann Stiftung Leadership Series im Programm Unternehmenskultur in der Globalisierung.

Weiterführende Literatur:

Bertelsmann Stiftung (Hrsg.)
in Zusammenarbeit mit Cornelia Edding

Der Erfolg steht Ihnen gut
Karrierestrategien für Frauen

2010, Hörbuch, 62 Min.
CD mit Booklet, 24 Seiten
€ 16,– [D] / sFr. 29,–
ISBN 978-3-86793-076-5

www.bertelsmann-stiftung.de/verlag

Es gibt Frauen in einflussreichen Positionen und an der Spitze von Unternehmen. Doch warum sind es immer noch so wenige? Weil viele glauben, vor allem mit Fleiß und Leistung auf der Karriereleiter nach oben zu kommen. Ein fataler Irrtum, wie die Praxis zeigt. Frauen unterschätzen oft, wie wichtig strategisches und politisches Denken sowie die Selbstdarstellung im Unternehmen sind. Die Trainerin und Psychologin Cornelia Edding meint: Frauen müssen dringend ihre Verhaltensoptionen erweitern. Strategien der Einflussnahme dürfen nicht tabu sein. Im Hörbuch über die Business Women School analysiert sie die typischen Karriere-Stolpersteine von Frauen. Managerinnen berichten, wie sie trotz struktureller Schwierigkeiten erfolgreich wurden. Schließlich zeigt die Autorin auf, wie Frauen unentdeckte Spielräume erkunden und in ihren Unternehmen mehr Präsenz zeigen können.
Im Mai 2010 trafen sich zum zweiten Mal Business-Frauen zum Erfahrungsaustausch anlässlich der von Liz Mohn initiierten Business Women School. Die Teilnehmerinnen erlebten hochkarätige Referenten, blickten über den Tellerrand und bauten eigene Netzwerke auf.

Weiterführende Literatur:

Bertelsmann Stiftung (Hrsg.)
in Zusammenarbeit mit Klaus Doppler

Management in stürmischen Zeiten
Unternehmenskultur – Change Management – Führung

2009, Hörbuch, 62 Min.
CD mit Booklet, 24 Seiten
€ 20,– [D] / sFr. 35,50
ISBN 978-3-86793-055-0

www.bertelsmann-stiftung.de/verlag

Märklin, Escada, Schiesser, Arcandor – die Reihe insolventer Firmen wird täglich länger und damit auch die Liste der Versäumnisse: Ausruhen auf alten Lorbeeren, verpasstes Change Management, strategische Versäumnisse bei Marktanalyse und Produkteinführung, Unstimmigkeiten in der Führung. Die Strategie kommt nicht auf den Prüfstand, Leitbilder und Unternehmenskulturen bleiben unverändert. Wenn Manager dann noch in Schockstarre verfallen anstatt schnell zu handeln, ist es für Veränderungen meistens zu spät. Wen wundert es, dass über die Hälfte aller Firmenpleiten das Ergebnis innerbetrieblicher Fehlentscheidungen sind!

Wie lässt sich Scheitern mittels erfolgreichem Change Management vermeiden? Warum verändern sich Unternehmenskulturen langsam?

Mit welchen Hindernissen muss die Führung rechnen? Wie kann man sie umschiffen? Welche Fähigkeiten braucht eine erfolgreiche Führungskraft? Was erwarten Mitarbeiter in turbulenten Zeiten von ihr? Die Autoren des Hörbuches geben hierauf Antworten und zeigen, wie Unternehmen mit Change Management, einer maßgeschneiderten Mitarbeiterentwicklung und moderner Führung trotz schwieriger Zeiten erfolgreich überleben können.

Seit 2006 erarbeiten junge Top-Nachwuchsführungskräfte und renommierte Trainer mit dem international anerkannten Change Management-Berater Klaus Doppler in der von Liz Mohn initiierten »Business Summer School« der Bertelsmann Stiftung Konzepte für die Praxis. Die Beiträge dieses Hörbuches fassen Ergebnisse, Wissen und Erfahrungen einfach und verständlich zusammen.